保護猫カフェ
catloaf

保護猫チャイさんの日常

The
y life of
ued cat
hai

扶桑社

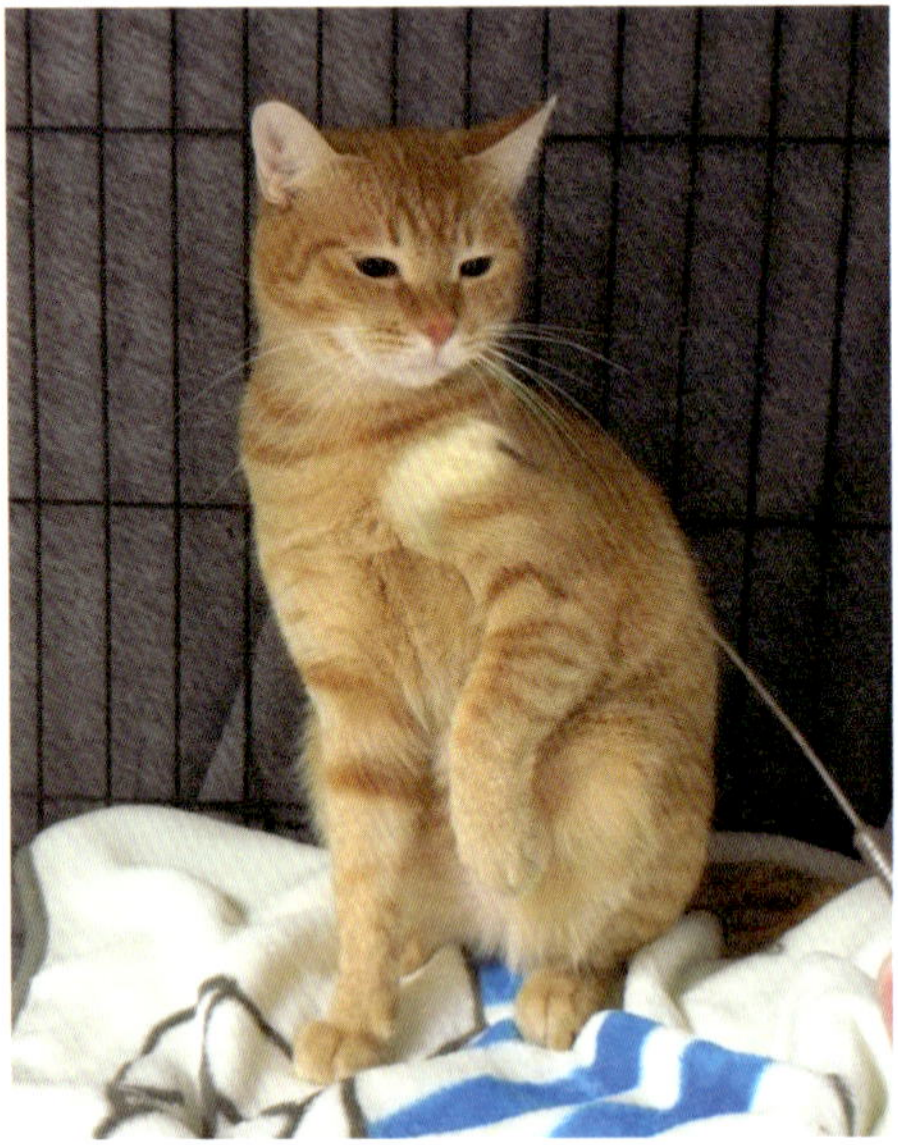

Contents

チャイさんの暮らし
4

チャイさんと仲間たち
90

catloafとチャイさん
118

チャイさんの暮らし

2023年、夏——

保護猫カフェ『キャットローフ』に保護された、

野良猫のチャイさん。

最初はまったく人になれず、

心をかたく閉ざしたままだったけれど、

少しずつ変わろうとしています。

チャイさんが野良猫から保護猫になった

これまでの1年半の日々を追いかけてみます。

チャイさんと出会ったのは、薄暗いマンションの駐車場。
表通りからは目につかない奥まった一角で、
姉のメイさんと肩を寄せ合いながら、
息をひそめて暮らしていました。

そばには5匹の子猫たち。

お母さんには見えないくらい小柄なチャイさんは、
すごくやせていて、いっそう小さく見えました。
それでも子猫を守ろうと、あたりを警戒するチャイさんは、
保護するためのケージに置いた餌も、
なかなか食べてはくれませんでした。

子猫を守るチャイさんは、
やせて、毛並みもぼさぼさで、
常に周りを警戒しています。

子猫たちは、
風邪をひいていたり、
目の病気になっていたりして、
とにかく急がねばと、
まず子猫たちを保護しました。

3D 26
桃太郎
トマト

突然、子猫と
引き離してしまって、
ごめんね、チャイさん。
でも、衰弱していた
子猫たちは、
日に日に元気に
なっていきました。

そして、子猫がいなくなった、
チャイさんと
お姉さんのメイさんは、
また二匹で暮らし始めました。

子猫を保護してから、
2か月後の夏の暑い日。

先にお姉さんのメイさんが
保護されて、
ひとりっきりになった
チャイさんは、

やっとケージの餌を食べてくれて、
野良猫から保護猫になりました。

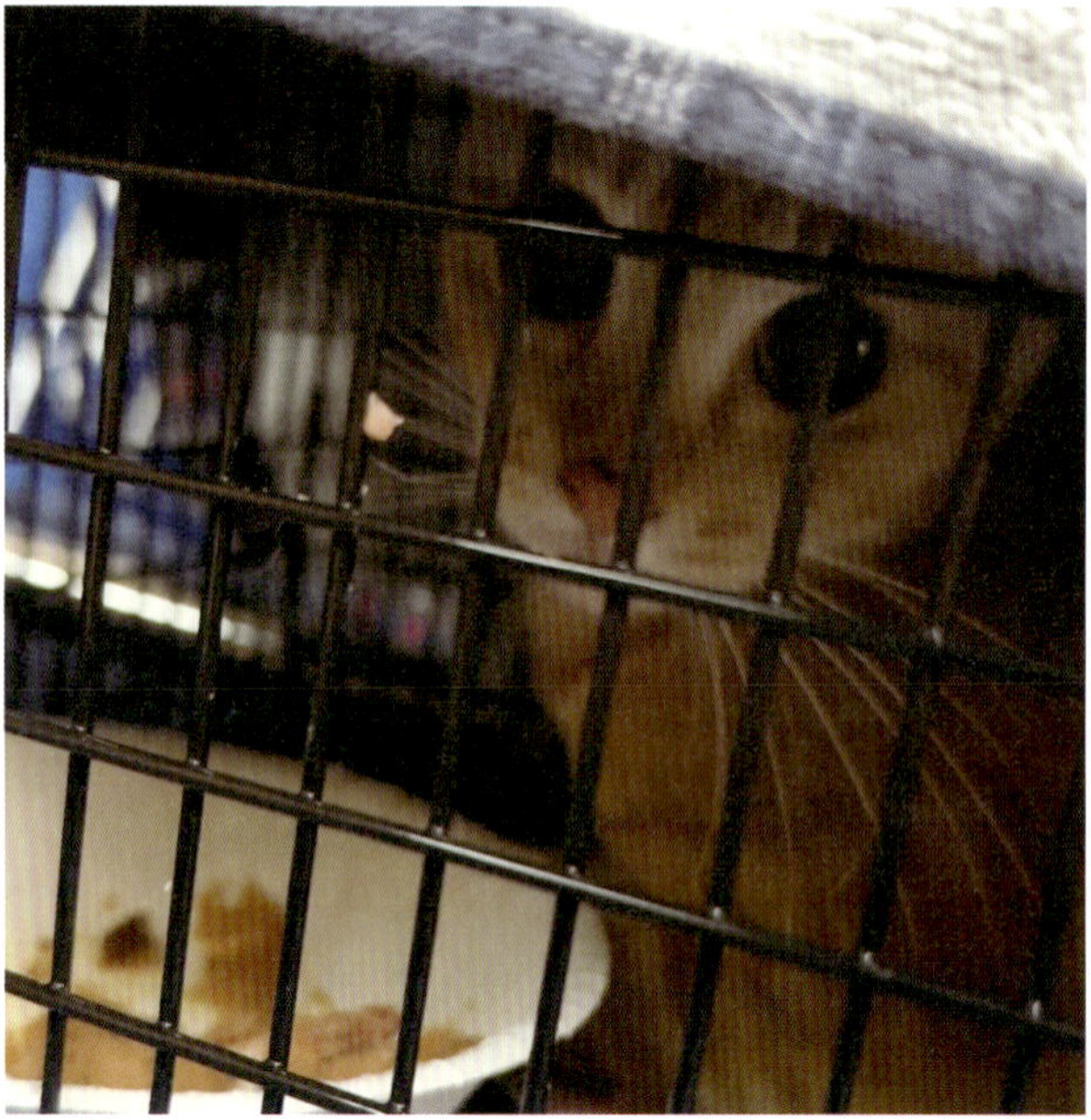

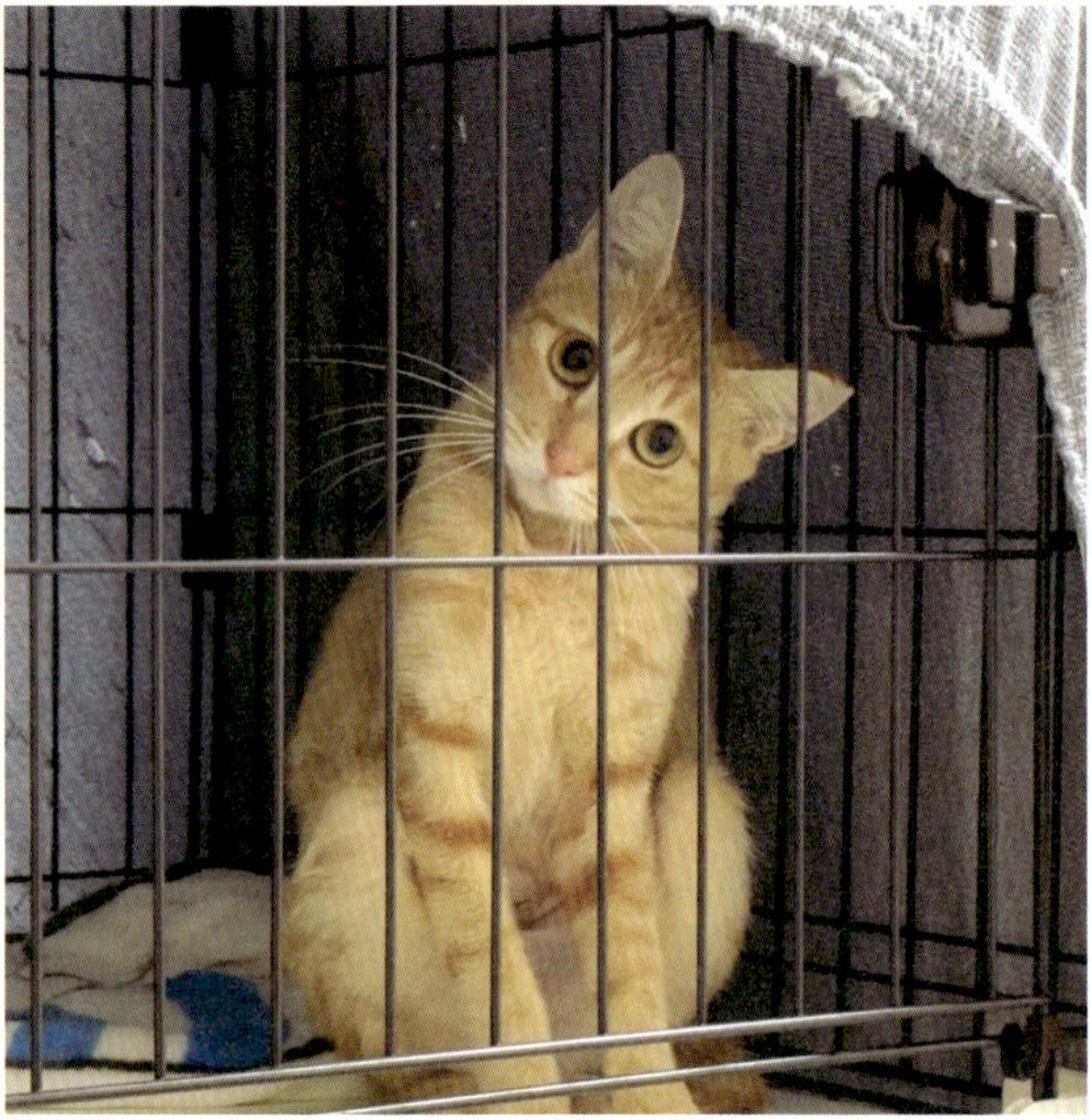

野良猫だったチャイさんは、
検査したり、ワクチンを接種したり、
みんなが安心できるようになるまで、
家族との再会はおあずけ。

ひとりケージの中で、
固まっています。

タオルを手に近づいても、
無の境地で、
ますます体を固くします。

野良猫とは違う
暮らしを始めたけれど、
それはそれで、
ほかの猫になれて、
人になれていってほしいから、
ケージのすみっこで
いつものように固まっていたところに、
おやつを持って手を伸ばします。

すると、チャイさんは
「シャー!」と牙をむき、
追い払われてしまいました。

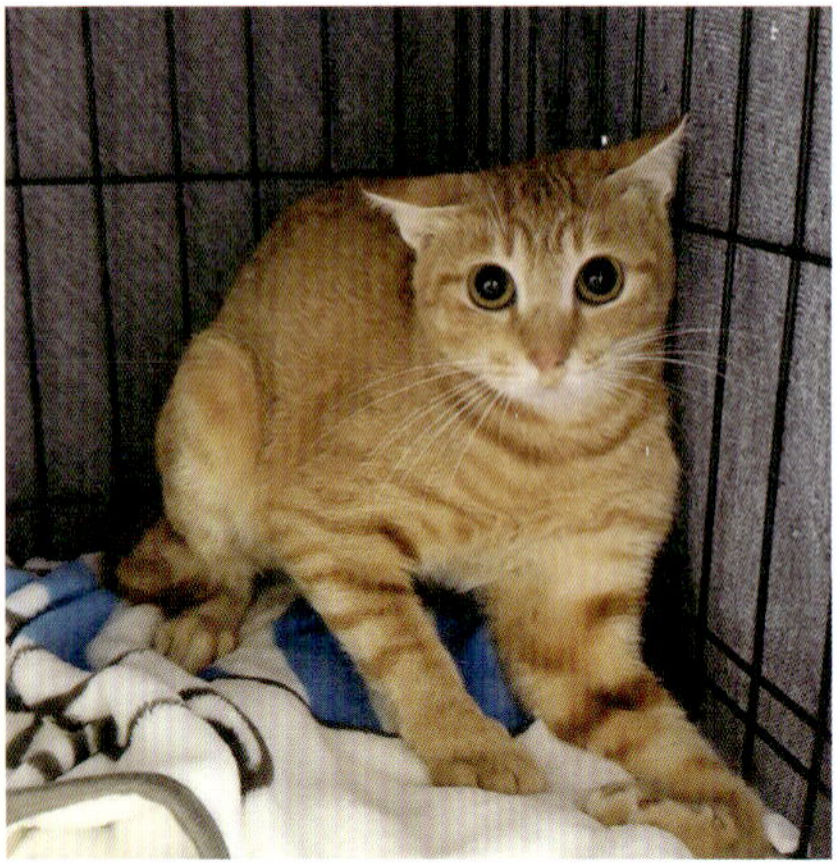
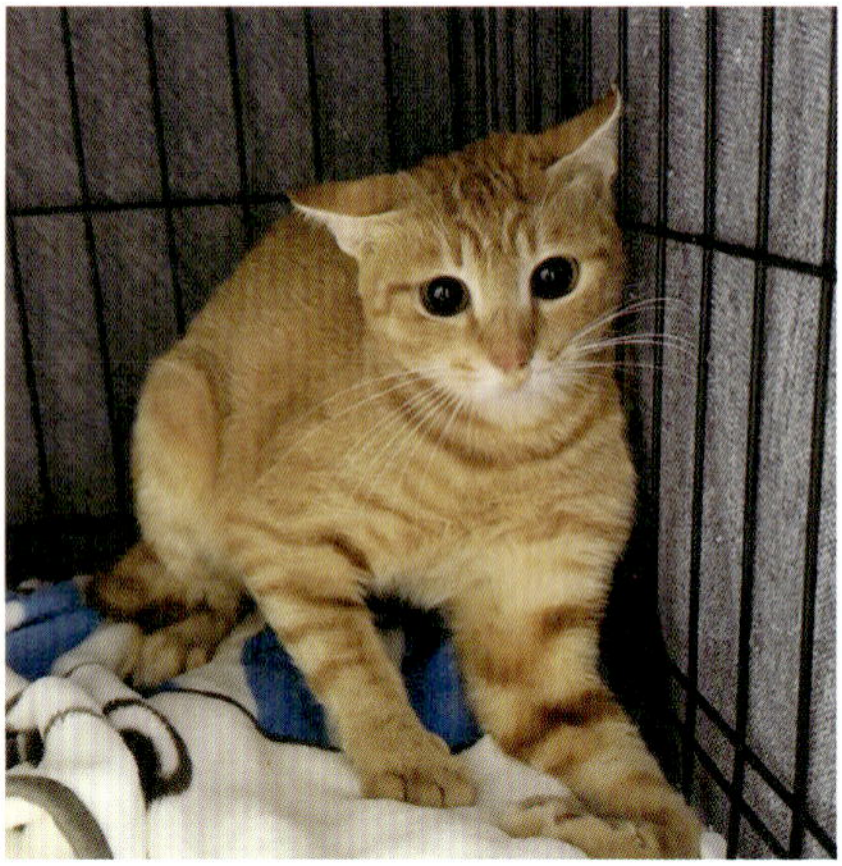

保護してから、
もうすぐ1か月。
チャイさんは
相変わらず、
ケージの
すみっこで
固まっています。

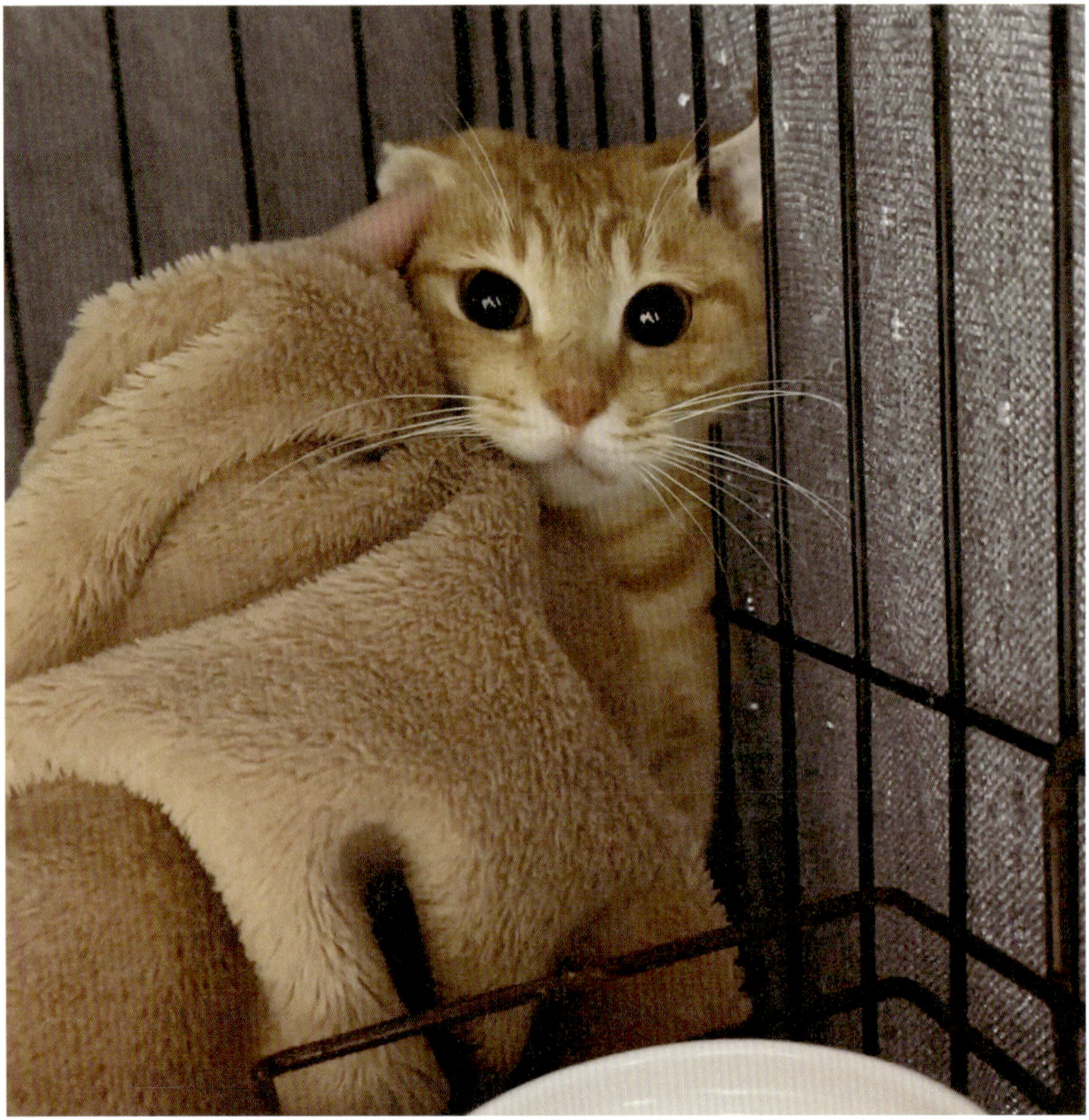

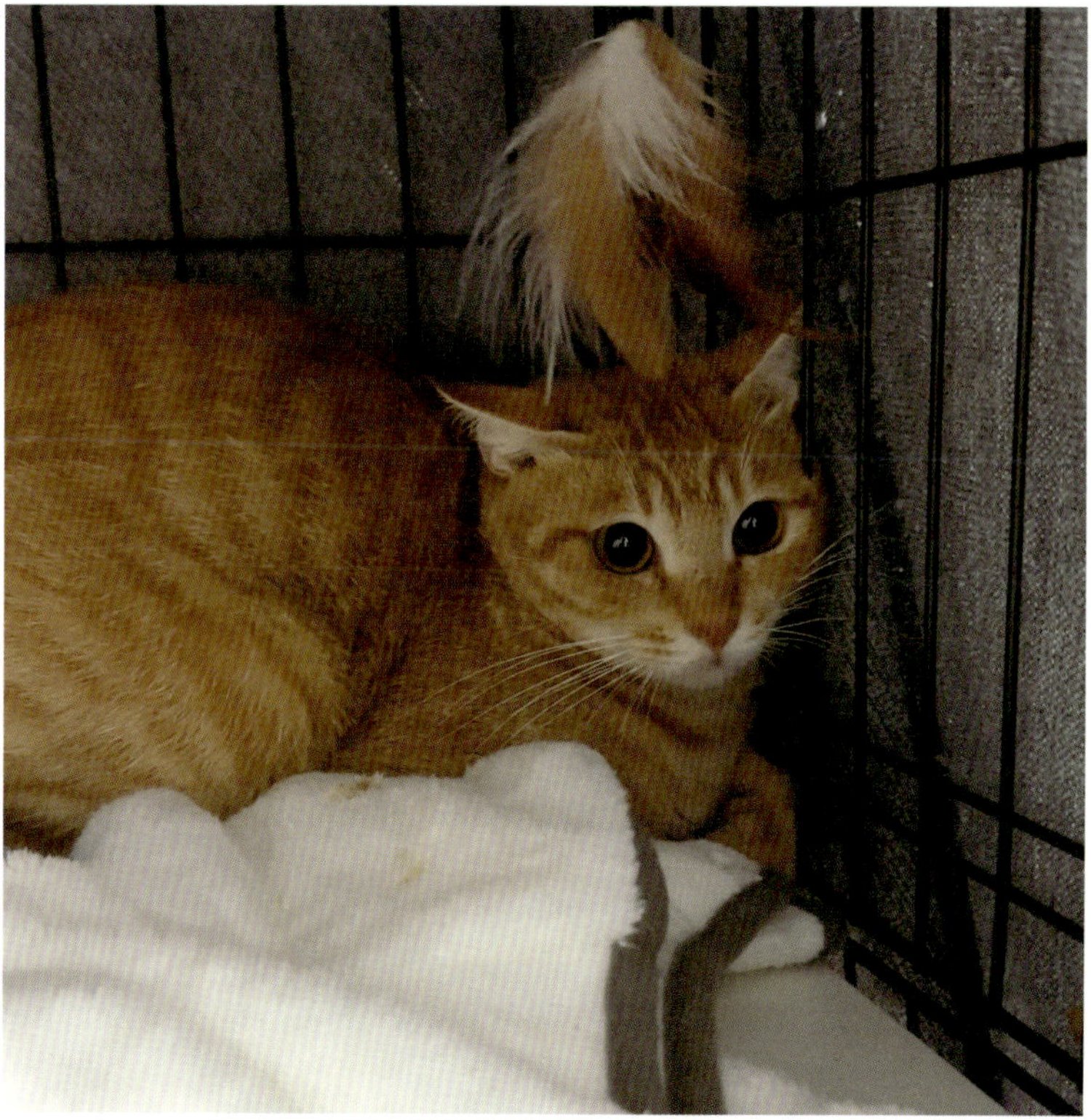

それでも、
タオルを
使いながらだけれど、
少しずつ撫《な》でられるように
なってきました。

「おもちゃもいけるかな？」
と思ったけれど、
まだ、そこまでの気分じゃ
ないみたい。

みんなにチャイさんが
がんばっている姿を見てほしくて、
動画をこっそり撮影しようとしたら、
気配を察して、じっと睨《にら》まれます。

エビのおもちゃを、
ケージの中に入れてみたけれど、
やっぱり興味はないようで、
ずっと同じところに
エビが横たわっています。

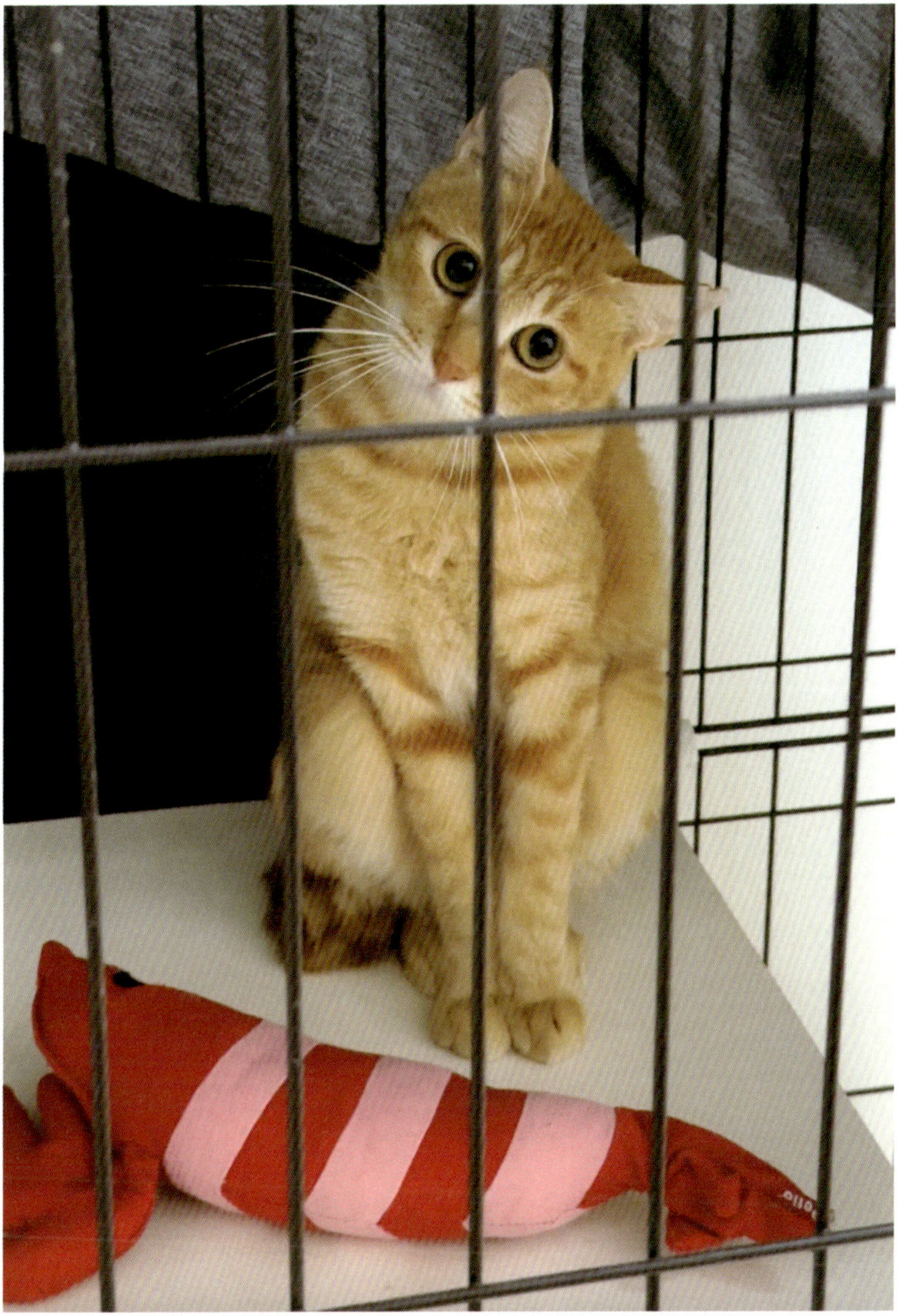

少しは心を
開いてくれたかな？

そんなに簡単には
いかないもの。

猫の大好物のちゅ～るにも、
チャイさんは微動《びどう》だにせず、
鼻の頭にくっついてしまいます。

この頃は、
ごはんをあげるのもひと苦労。
「余計なことするな！」
と言わんばかりに、
シャー ＆ パンチを
繰り出す日々が続きます。

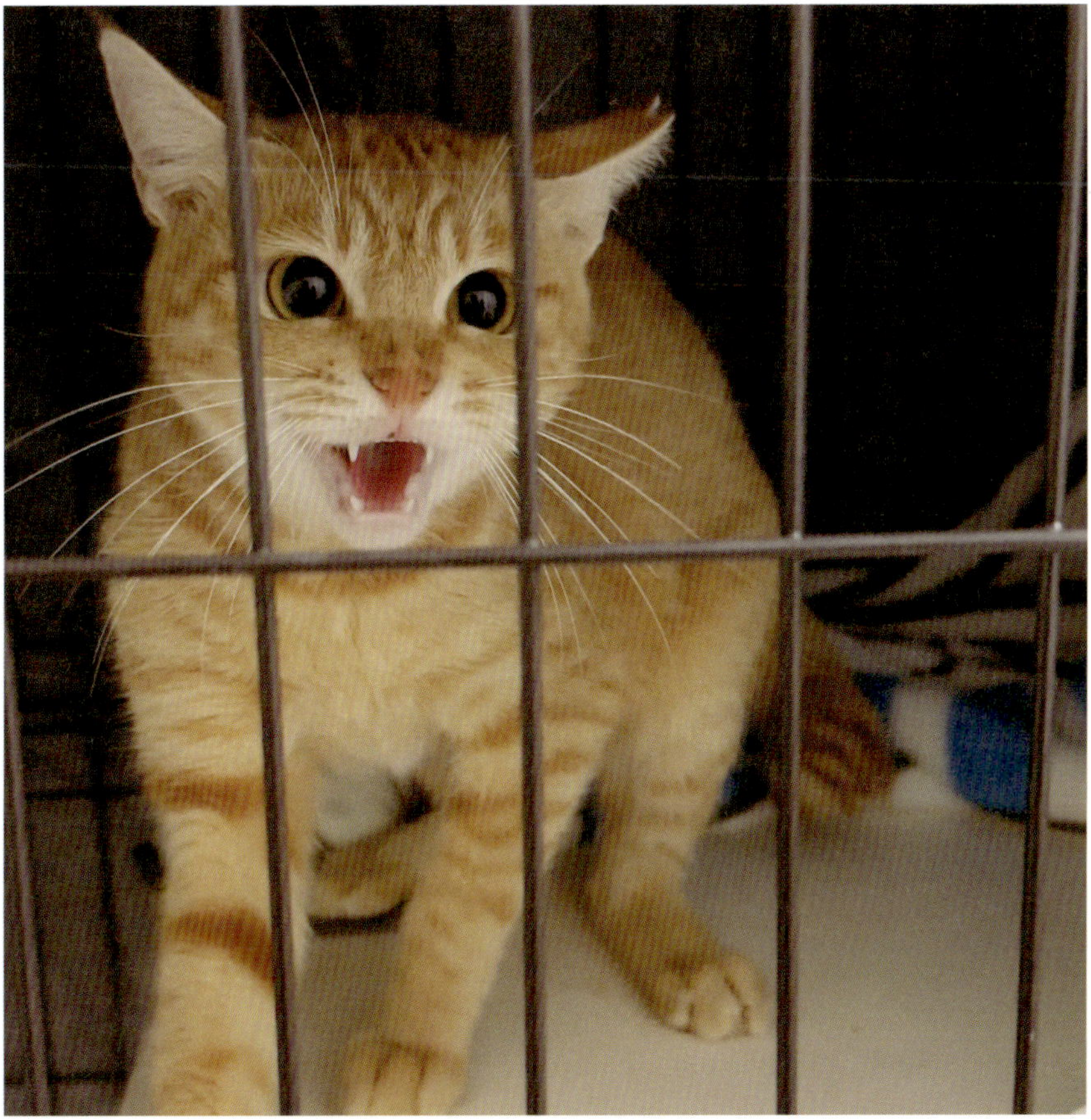

9月に入って、
お姉さんのメイさんと
再会を果たしました。

久しぶりすぎたからか、
最初は二匹ともなんだか
よそよそしかったけれど、

やっぱりお姉さんといるときは、
いつもよりおだやかな表情。

心がちょっと落ち着いたのか、
手で撫でさせてくれるようにも、
なりました。

ありがとう、
メイさん。

保護してから2か月が経ち、
10月に入って、
外は肌寒くなってきました。

チャイさんも、
もう駐車場の車の下で、
寒さをしのぐ必要はありません。

でも、まだ人には全然なれていません。
上目遣いでじっと固まっていながらも、
すらりと伸びた前足がきれいで、思わず見とれてしまいます。

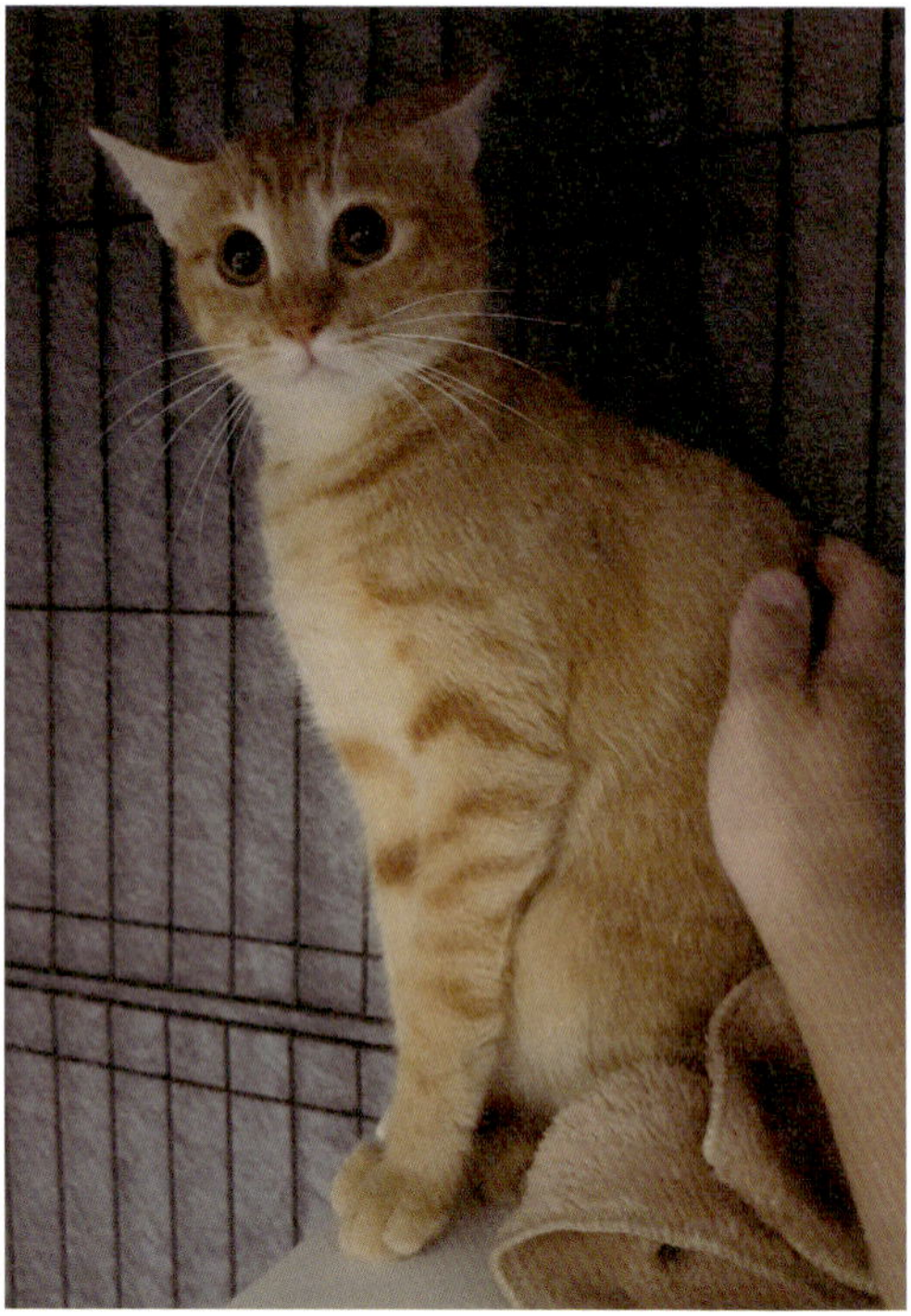

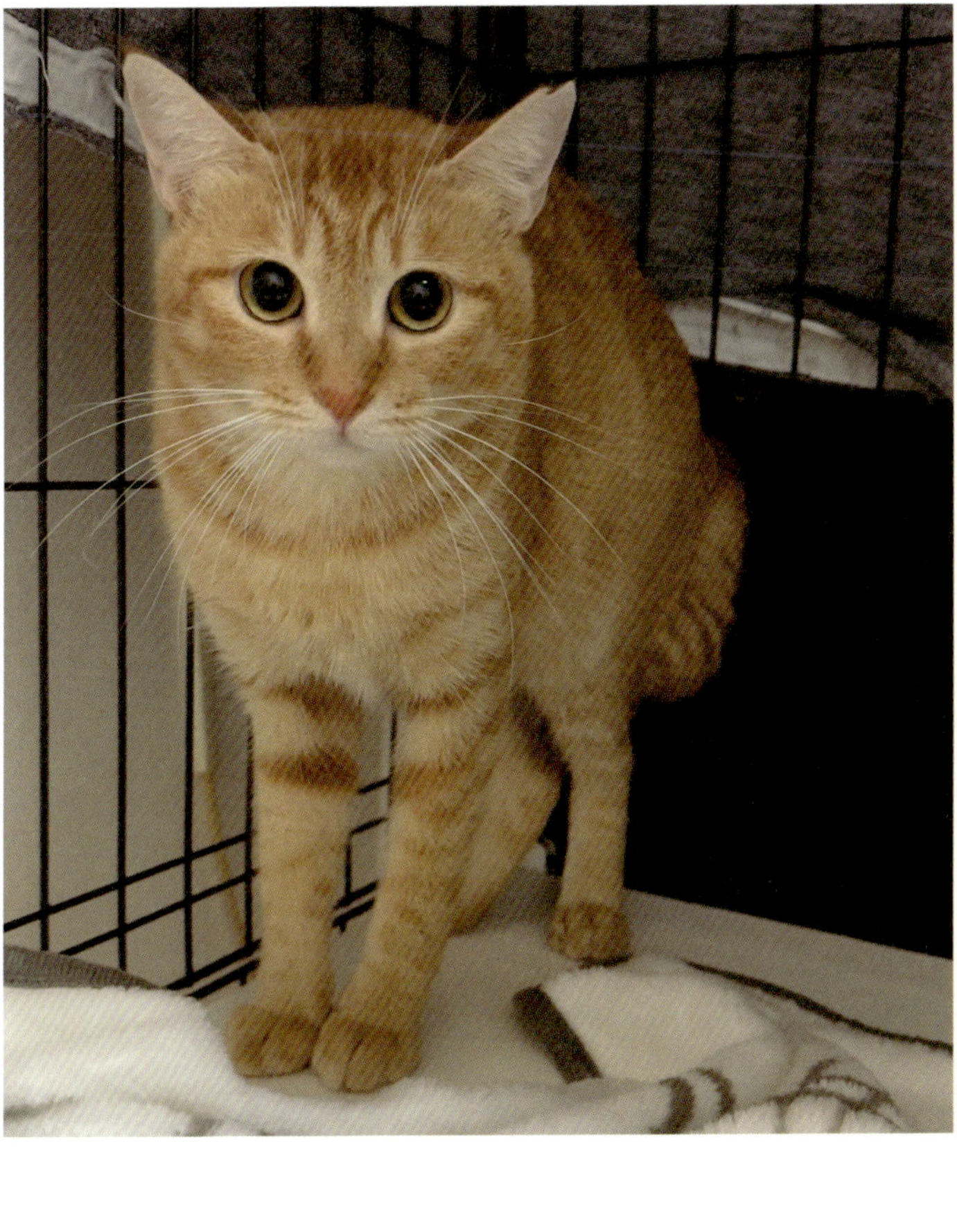

今日は予防接種の日。
毛布でくるみながら、
なんとかネットに
入ってもらいます。

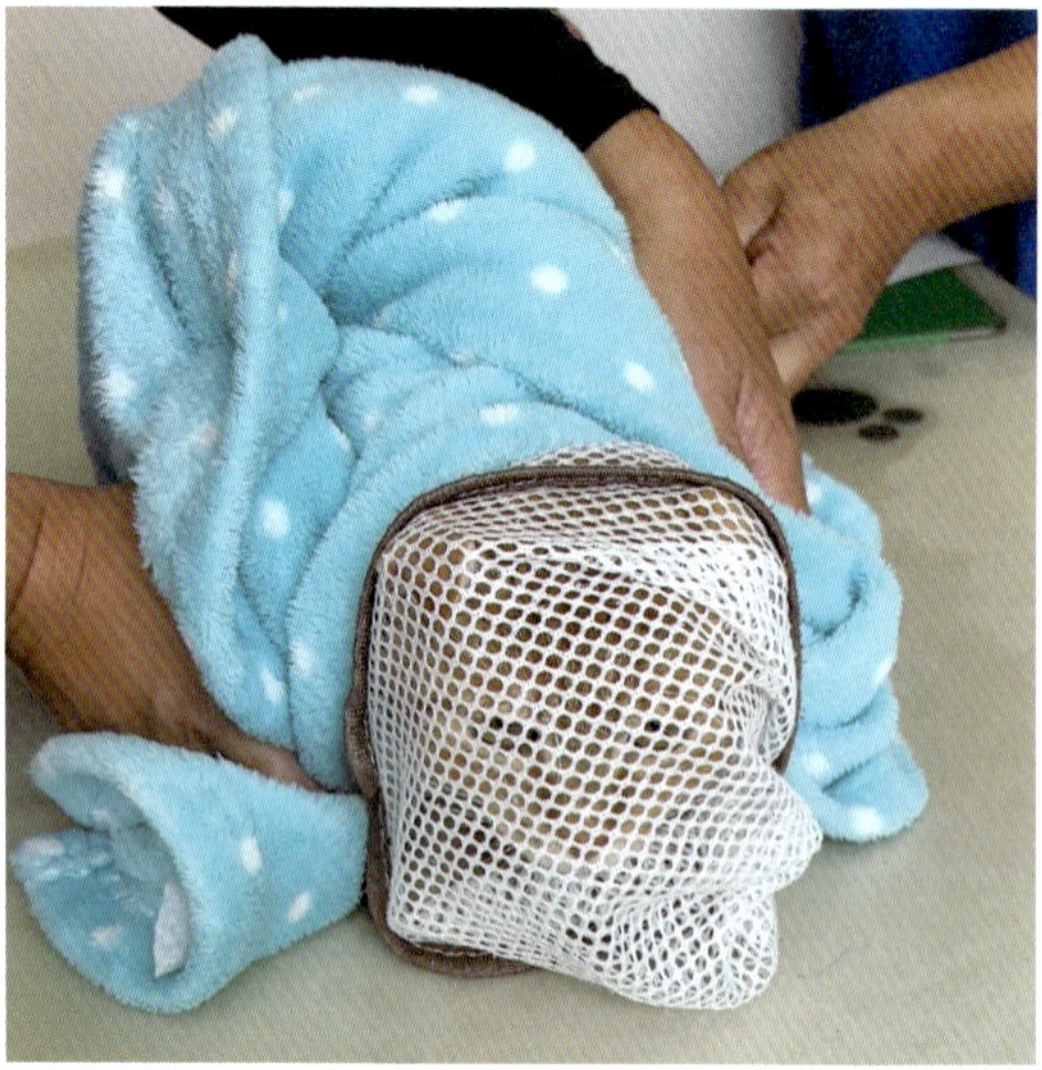

いつもはシャーシャー
言っているけれど、
意外と注射のときは
おとなしいチャイさん。

小柄だからか、
ネットの中だと、
ぬいぐるみのよう。

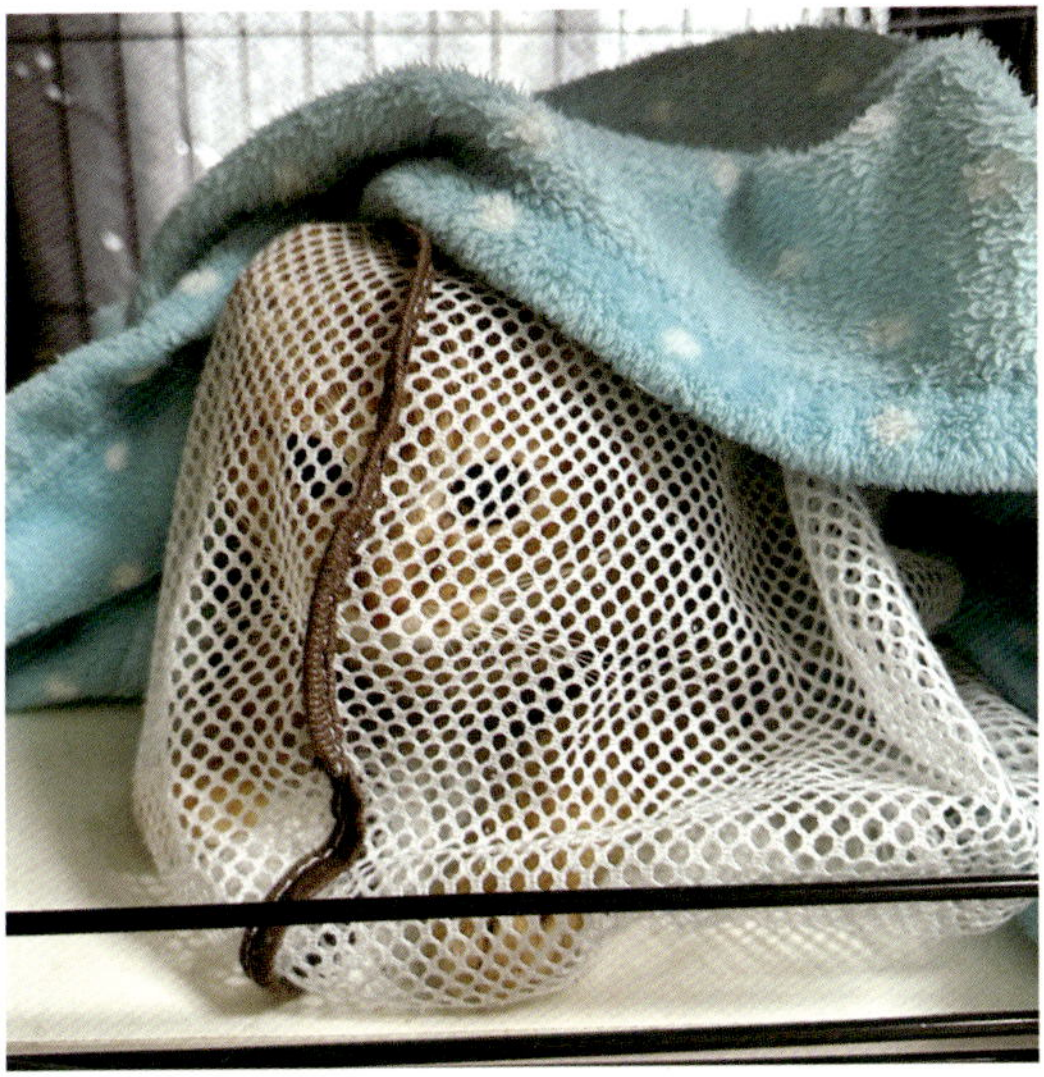

11月が近づいてきても、
相変わらず、
チャイさんは「シャー&パンチ」。

それでも、保護したときの
やせこけていた体は、
だいぶ元気になってきました。
シャーもパンチも、元気なら大丈夫。

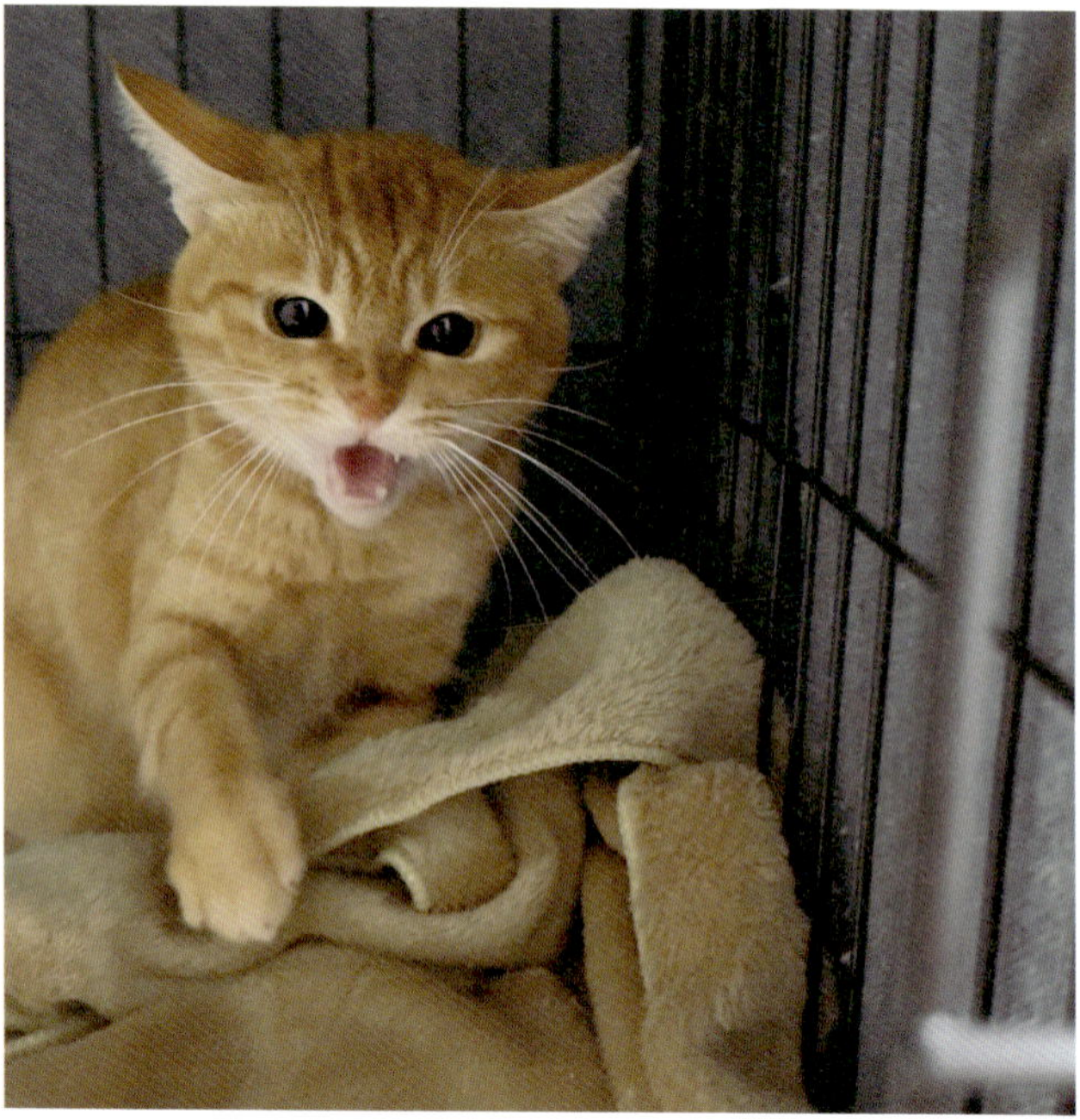

「猫にまたたび」の言葉どおり、
どんな猫もいちころかというと
そんなことはなく――
「よくわからないものをよこすな！」と、
チャイさんはご機嫌ナナメ。

外では、
なにを食べていたのだろうと、
ふと思いをめぐらせてしまいます。

少しずつ、
ごはんやおやつの味を
覚えていってくれたら。

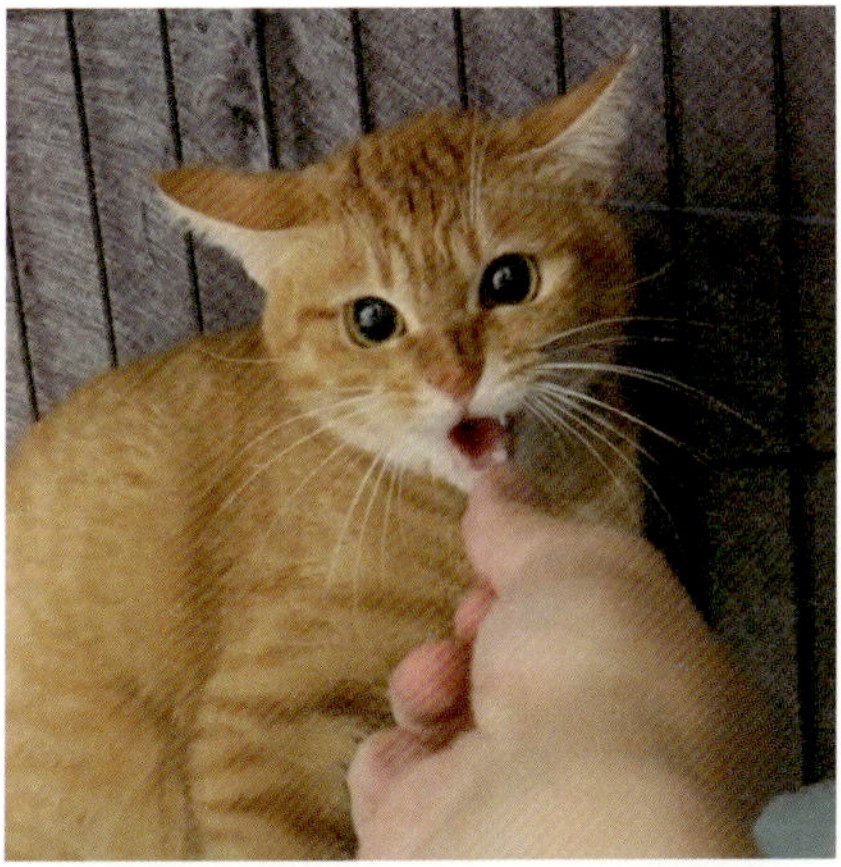

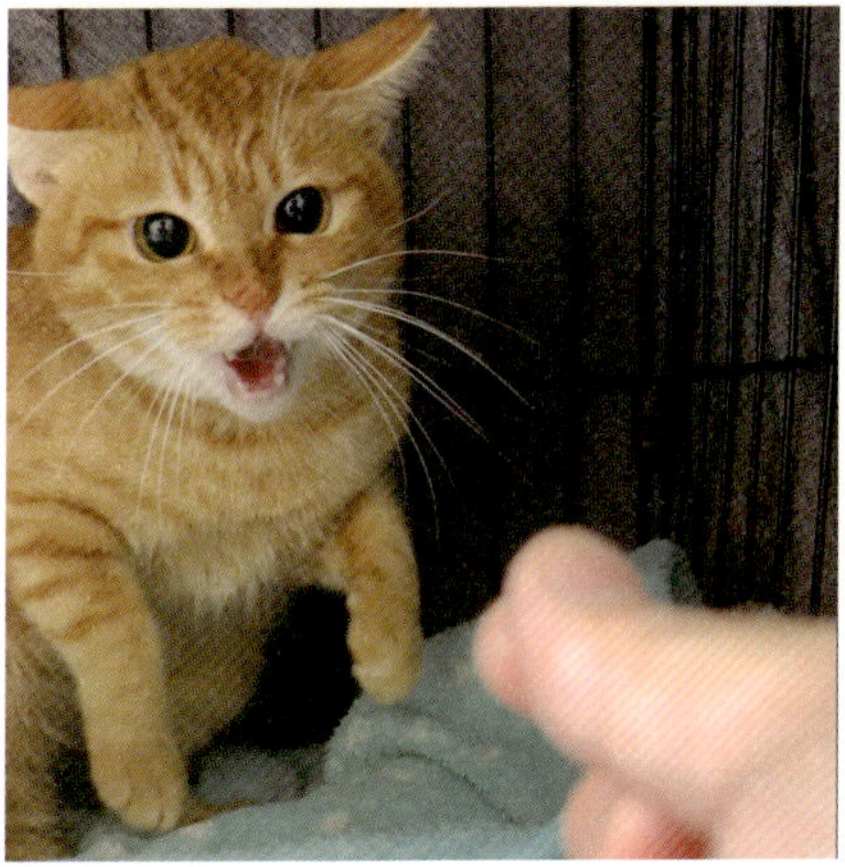

根気強くお世話していると、
仕方ないなと、
遊びに付き合ってくれるように
なりました。

初めておもちゃで
遊ぶことを覚えたのは、
保護してから3か月が過ぎてから。
迷惑そうに
むすっとしているときもあるけれど、

おもちゃで遊んで、
少し距離が近くなったのか、
手で撫でても、
すぐには怒らなくなりました。

まだ外に出るのは、
怖いみたいだけれど、
楽しさを知ったからか、
遊んでほしそうに
ケージの中から、
じっと見つめています。

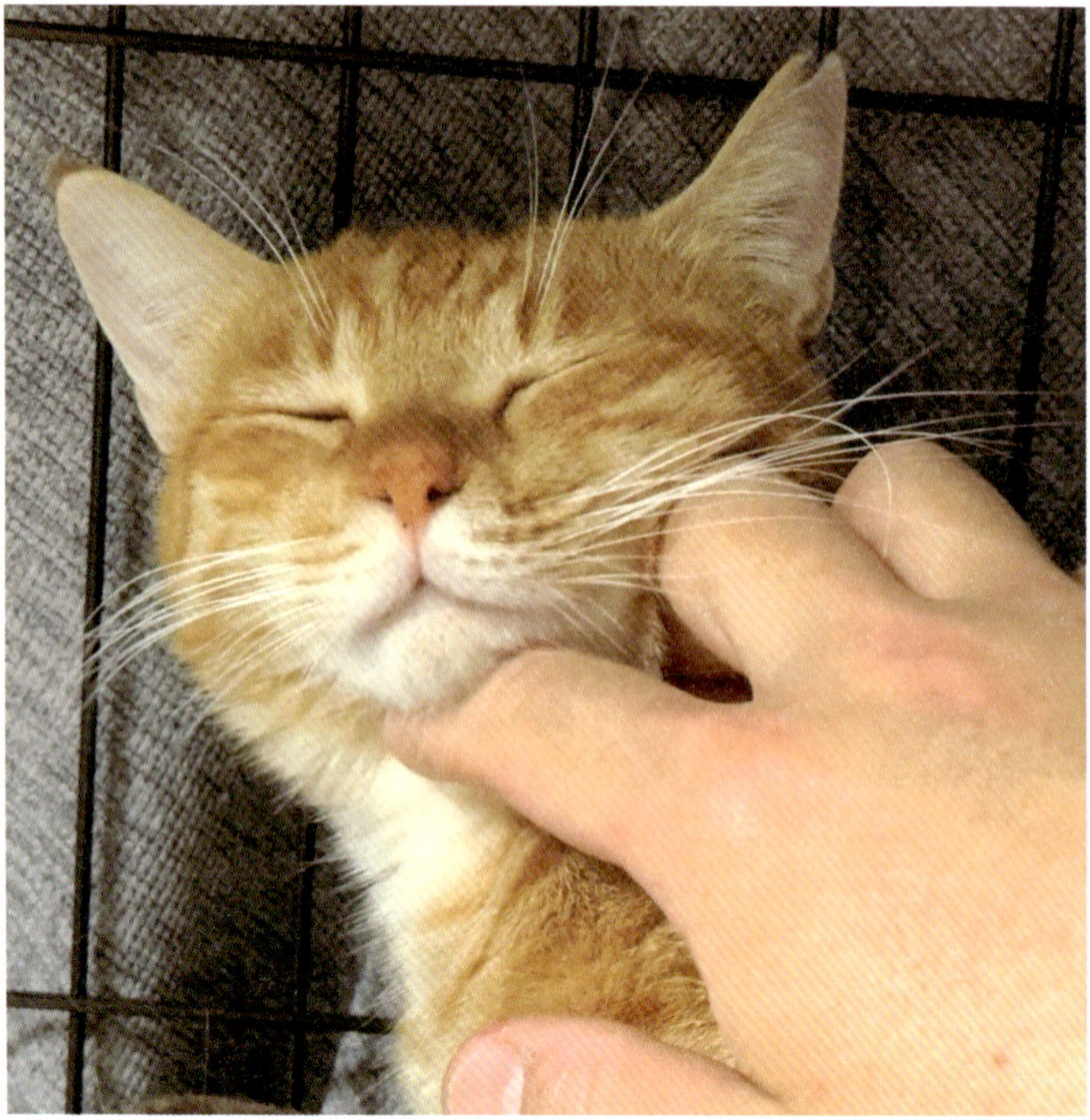

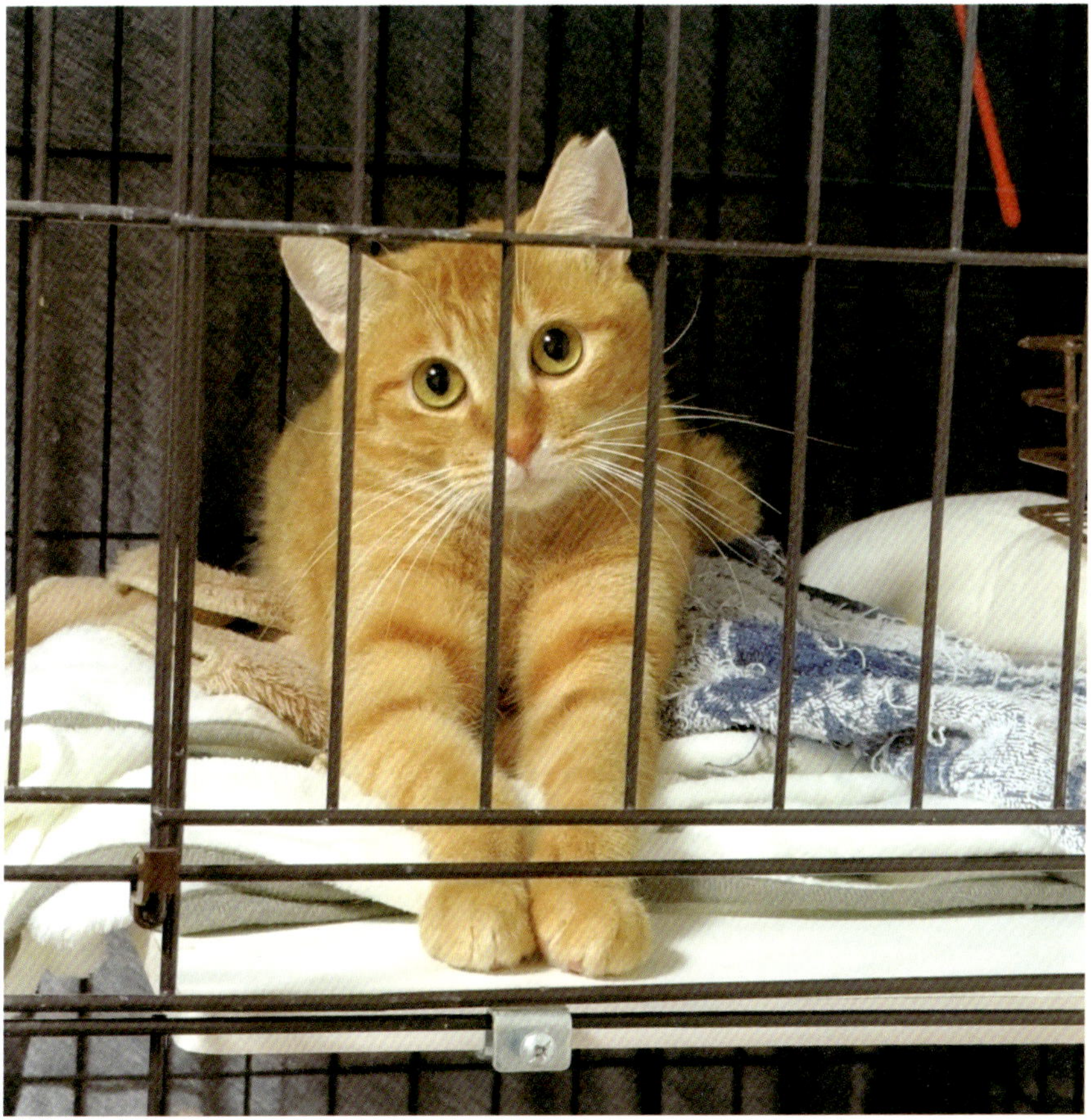

ケージのすみっこで固まっていた頃が
懐かしくなるくらい、
自分から遊んでとアピールする日が
やってくるなんて。

まだ遊びには慣れていなくて、
不器用なチャイさんだけれど、
顔がやさしくなってきたのは、
気のせいではないはず。

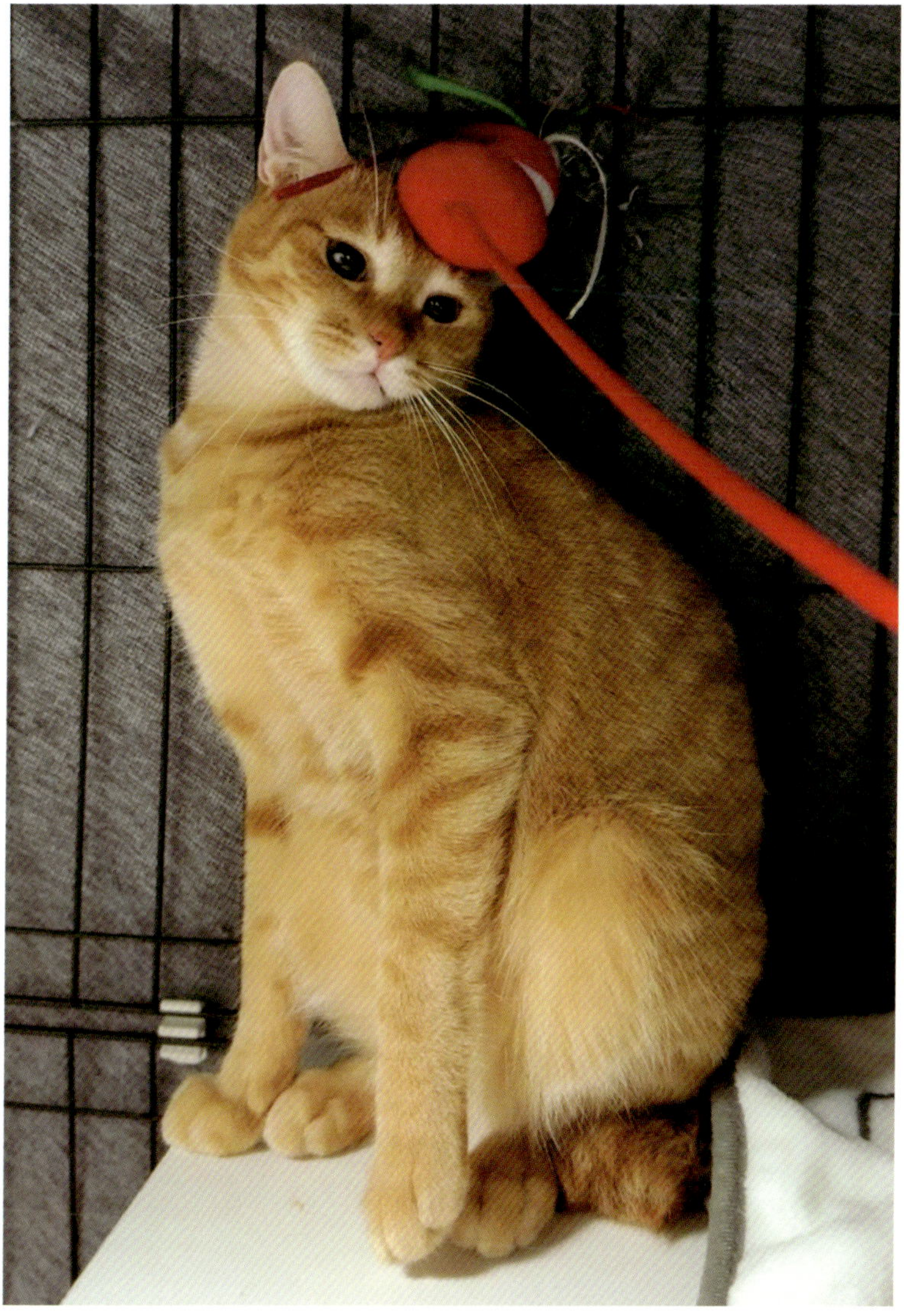

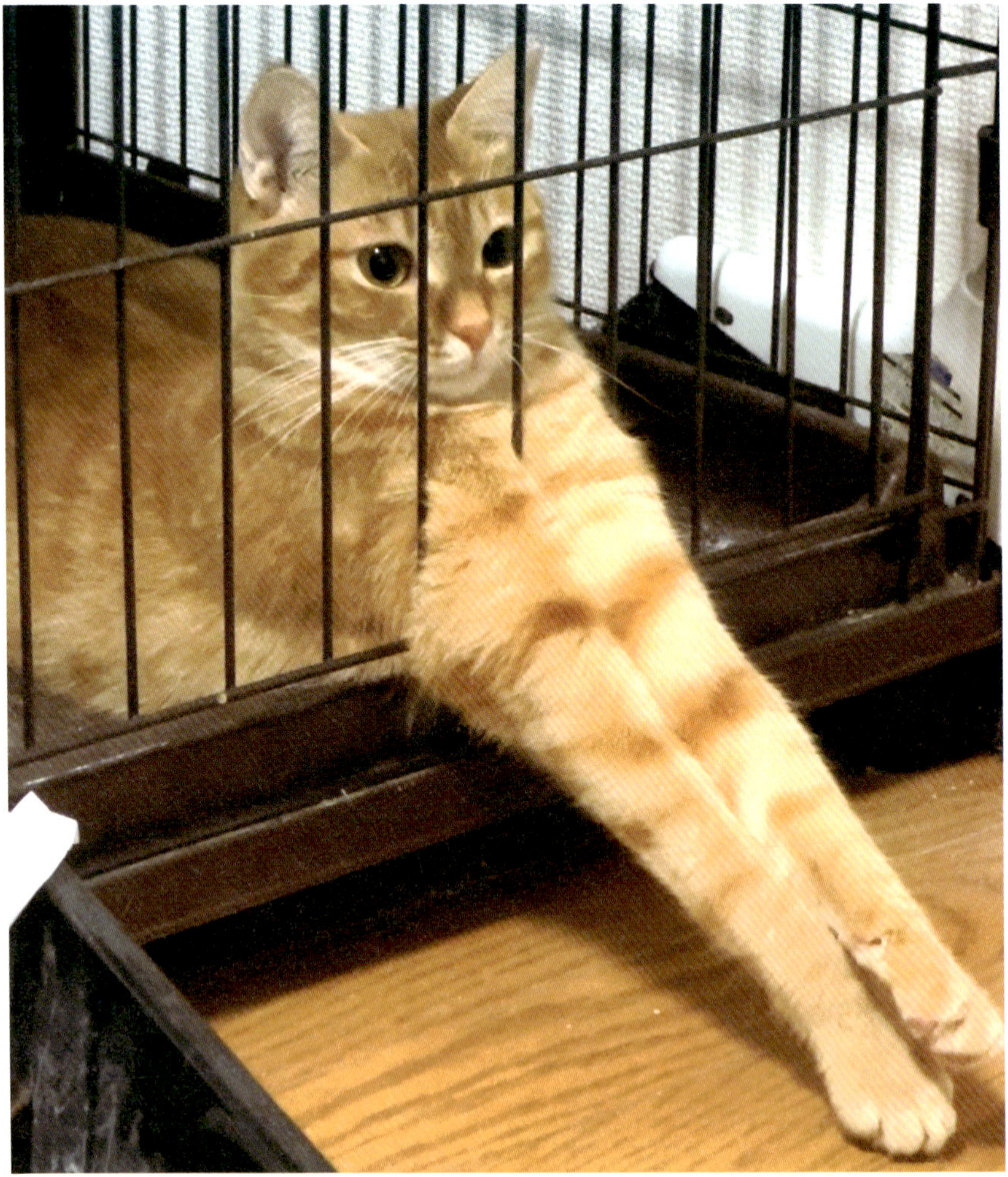

ごはんの時間も覚えてきたようで、
最初はシャー&パンチが
飛んできたけれど、
いまは舌なめずりしながら、
お行儀《ぎょうぎ》よく待っています。

おなかがいっぱいになった後は、
遊んでほしいのか、
自慢の美脚を伸ばして、
しれっと退屈さを
アピールします。

12月のチャイさん。
もうケージの中は、自分の空間。

くつろぎの
ポーズを取ったり、
棚の上に登ったり。

もう少しで、外にも
出られるように
なるかもしれません。

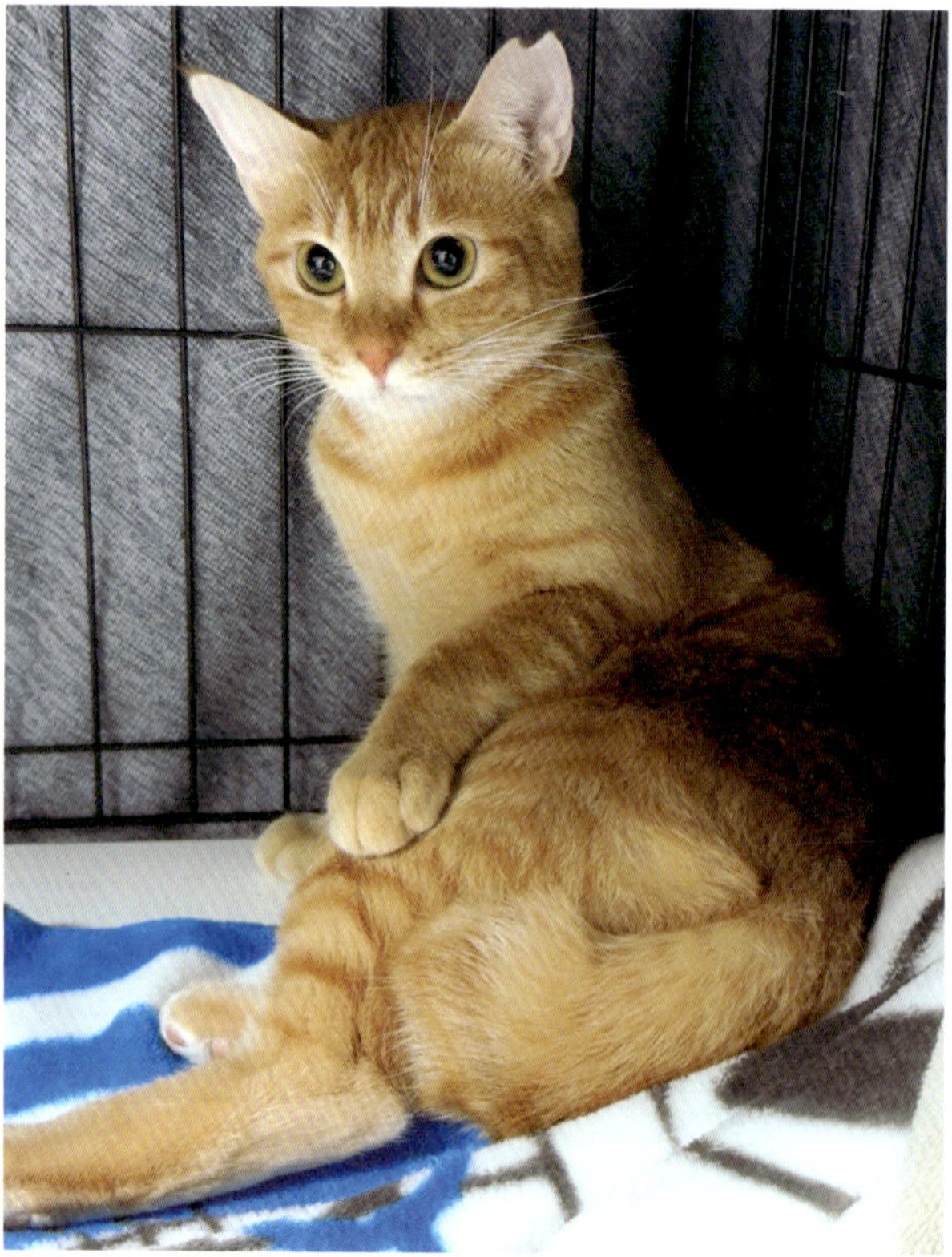

チャイさんが落とした
ごはんの匂いで、
目の見えない先輩猫が、
ケージの前まで
やってきました。

知らない猫との
初めての接近遭遇。

つい気になって、
いつものパンチを
繰り出したら、
瞬く間に反撃されて、
びっくりしたみたいです。

シャーシャー
言っているけれど、
意外と打たれ弱いのかも。

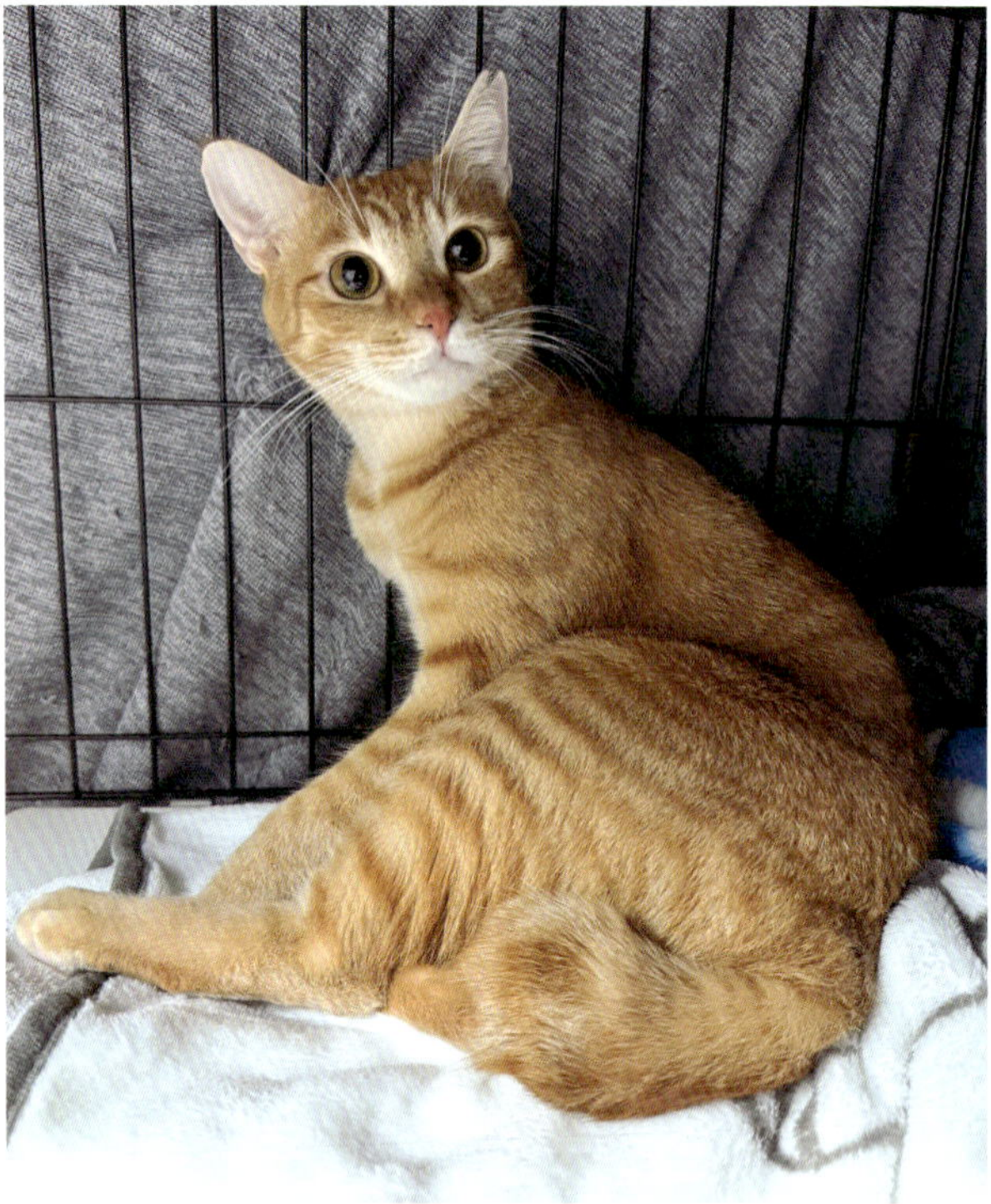

年が明けて、
毛並みも体も
すっかり美人になって、
ケージでくつろぐ
チャイさん。

おやつも上手に
食べられるようになって、
ご満悦の表情。

磨けば光る、
魅惑のチャイガール。

爪切りの日は、
ネットをかぶせて、
爪だけ出して、
切らせてもらいます。

でも、チャイさんは
ネットが大嫌い。

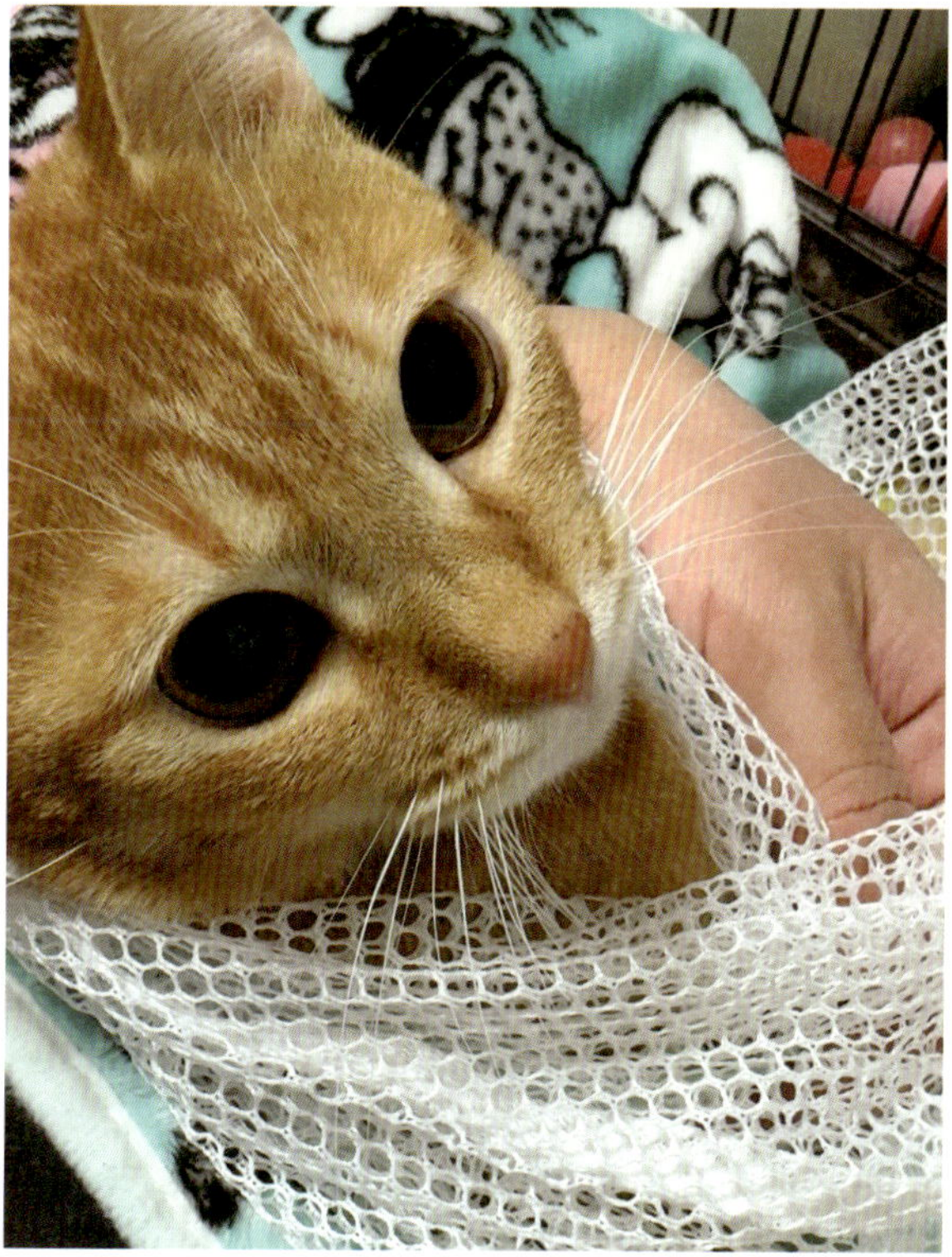

逃げ惑うチャイさんを捕獲《ほかく》し、
伸び放題の爪をすっきりカット。
これで、チャイパンチも怖くない？

保護してから半年が
経とうとする
2月12日——

いつものように
撫でてあげようと
手を差し伸べたら、
しばらく指先を眺めていた
チャイさん。

意を決したように、
するりと手の下へと
頭を滑り込ませ、
初めて「撫でて」と甘えた日。

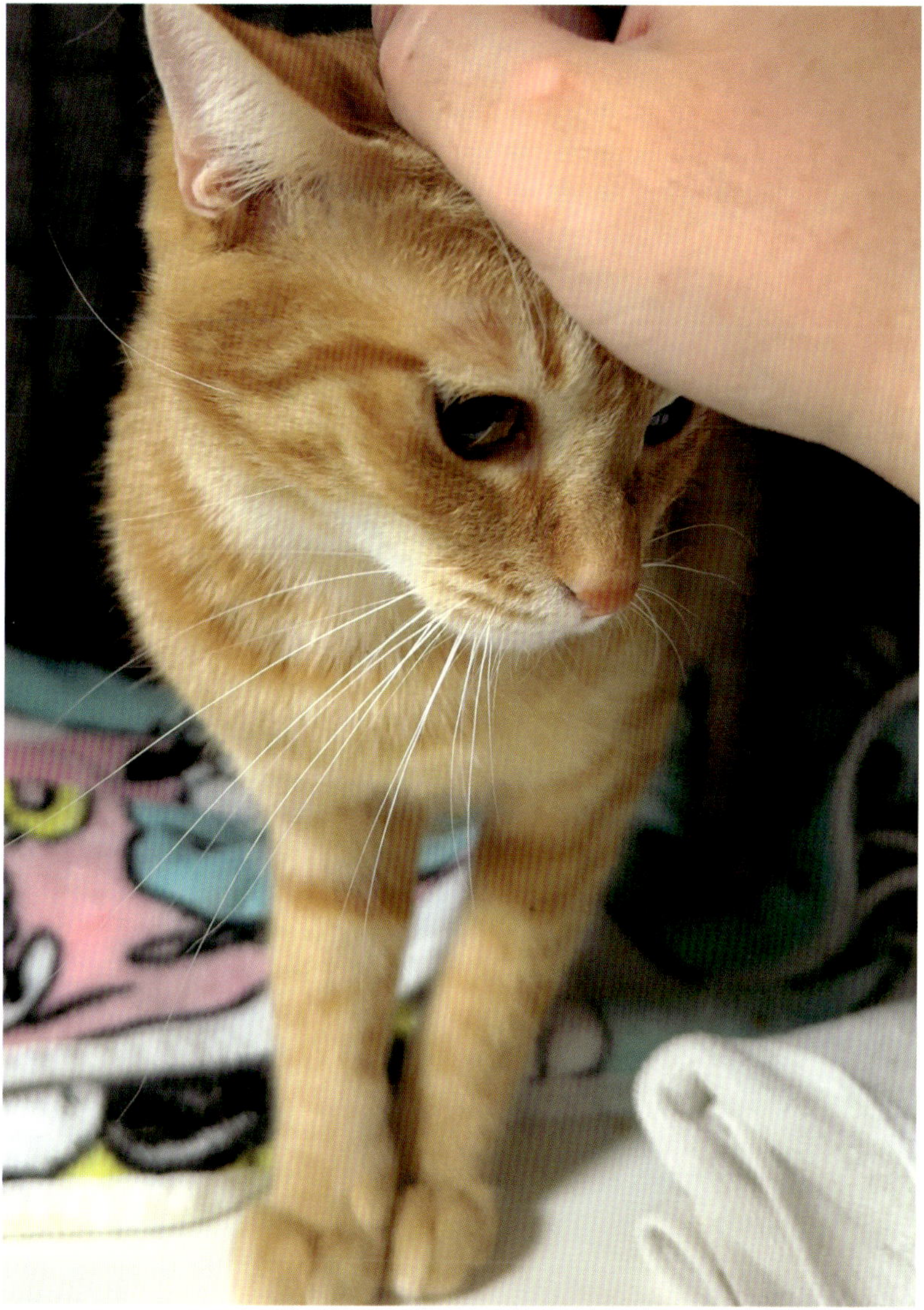

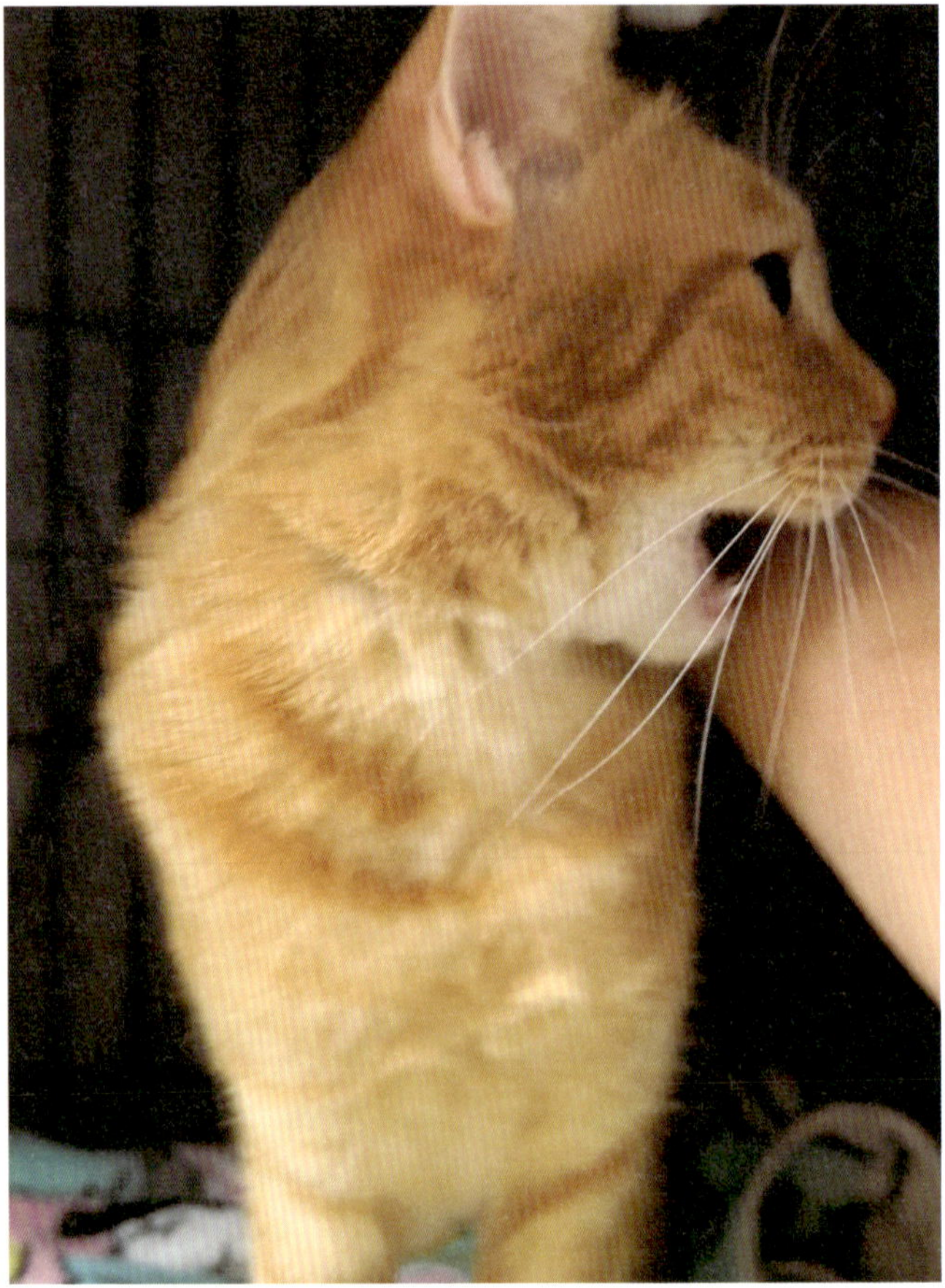

初めて甘えて数日後、
か細い声で振り絞るように、
初めて「ニャー」と鳴き声が。

チャイさんの中で、
なにかが変わったのかな。

そんな感動にふるえながら、
頭を撫でていると、
撫で方が
気に入らなかったのか、
もう十分だったのか、
かみつき&シャー&パンチ。

チャイガールは、
永遠のツンデレです。

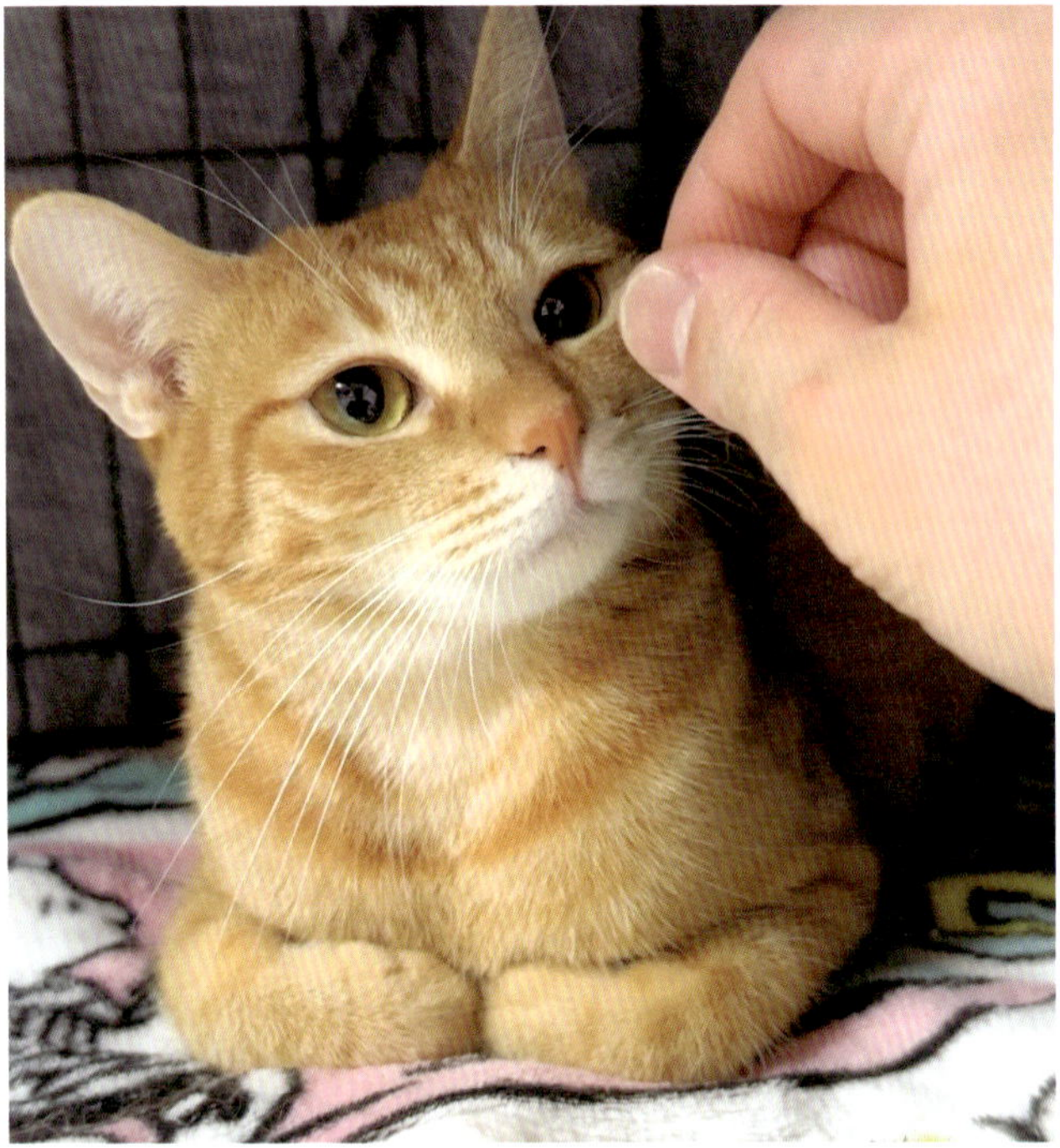

初めて甘えた日から、
デレが止まらない
チャイさん。

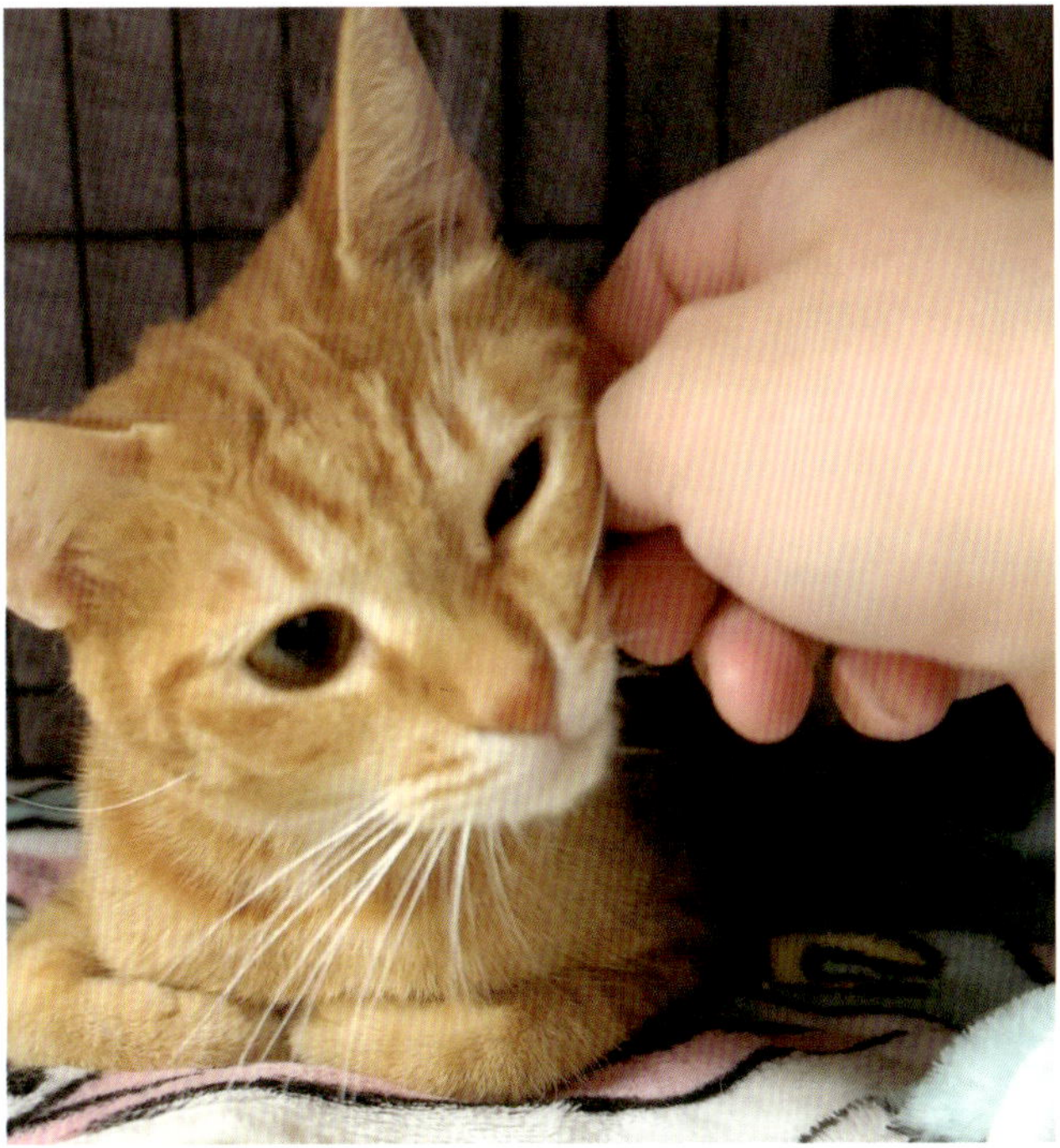

いつの間にか香箱座りで、
撫でる手を待っていたり。
でも、機嫌が悪いと、
相変わらずパンチが
飛んできます。

おもちゃで遊ぶのも、
だいぶ上手になってきて、
どんどん動きも
ダイナミックになった
チャイさん。

表情も豊かになって、
保護した当時の
やせこけた面影《おもかげ》は、
もう薄くなって、でも、
それが嬉しくなる日々です。

チャイさんを保護してから半年が経ち、
いよいよケージから出て、
外の世界に足を踏み出しました。

最初はじっと固まったまま。

それでも、少しずつ自分の足で
世界を広げて、
とりあえず、ケージの上の
家の中がお気に入りに
なったみたいです。

外の世界に出てから
1か月が経ち、
ケージの前で寝転がってみたり、
だいぶなれてきたみたい。

でも、やっぱりシャイなチャイさんは、
すみっこに隠れているのが、
落ち着くようです。

外で遊び始めて、
おくつろぎのチャイさん。
野良猫時代とは違う、
おだやかな表情が
増えてきました。

構ってもらえないときは、
上から美脚を垂《た》らして、
遊んでアピールも奥ゆかしい。

5月——
ついに、
猫カフェの仲間たちに
挨拶しに行く日。

早速、仲間たちに囲まれて、
チャイさんは
びっくりした様子。

逃げるように棚に上って、
周りを観察していました。

人はもちろん、
まずは猫にもなれないと。
がんばれ、チャイさん！

保護してから、
遊べるようになるまでは、
半年くらいかかったものの、
やっぱり猫同士。

最初は固まっていたチャイさんも、
1週間も経てば、
カフェの先輩たちの中で、
だいぶリラックスできるように
なったようです。

このまま人にも
なれてくれれば、
カフェデビューできるのだけれど。

なれてきたとはいえ、
自分より大きな猫に
パンチを繰り出したり、
ツンを発揮するのはお約束。

そして、デレの相手は
お姉さん猫のメイさん。

ケージの外で
メイさんに再会すると、
ずっとメイさんのそばを離れません。

いろんな猫と仲良くする
社交性のある猫もいるけれど、
チャイさんは
メイさんへの愛が止まりません。

常にメイさんを追いかけ、
じゃれ合う二匹。

メイさんが
見つからないときは、
歩き回って探しています。

姉妹の子猫たちはもう
引き取られて家猫に。
唯一の肉親だから、
甘えるのもしょうがないよね。

本当になかよしなチャイさんとメイさん。

チャイさんの愛が重すぎて、
「いいかげんにして！」と、
メイさんが怒ってしまう
こともあるけれど、

それでも、なんだかんだ
付き合ってくれるのがお姉さん。

メイさんに
毛づくろいしてもらって、
ご満悦顔を見せています。
よかったね、チャイさん。

仲間たちのもとに
遊びに出るようになってから、
チャイさんの表情や動きが
とても豊かになっていくのが、
わかります。

相変わらずメイさんを
追いかけてばかりだけど、

少しずつ
キャットローフの一員として
なじんでいっていて、
ひとりじゃないって、
すごく嬉しいことなんですね。

7月——
チャイさんを保護してから、もうすぐ1年が経ちます。

保護猫カフェ『キャットローフ』の
「キャットローフ」は、
前足を丸めて座る
「香箱座り」のこと。
猫がリラックス
しているときの姿勢で、
その姿が一斤のパンのように
見えることから、
「塊《かたまり》」を表す「loaf」と合わせて、
そう呼ばれます。

チャイローフも
だいぶ上手にできるように
なりました。

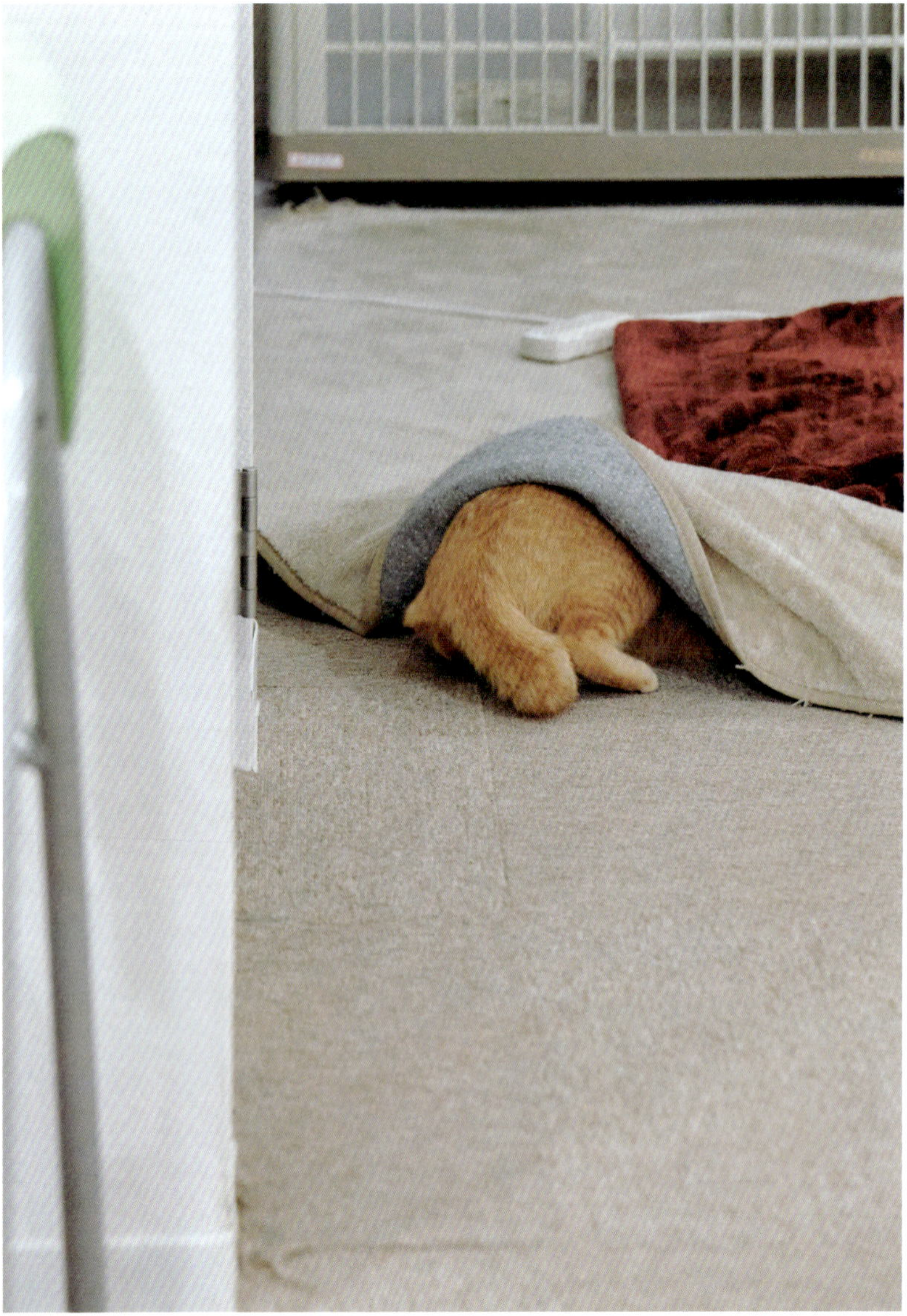

シャイなチャイさんは、
人が来るとどこかに隠れてしまって、
カフェでお仕事できるまでには、
まだ時間がかかりそう。

ほかの猫にも
ツンデレを発揮して、
パンチを浴びせていますが、
返り討ちにあうことのほうが
多いんです。

高いところに登って、
降りられなくなったりと、
意外とドジっ娘属性も
あるかも？

9月に入って、
あたたかな木洩《こも》れ日が、
キャットローフに
差し込んできました。

その柔らかな光の中で
姉妹二匹での
日課の毛づくろい。

もう少し
お姉ちゃん離れしてくれると、
カフェでも
お仕事できるのだけれど、
二匹の時間を
大切にしてあげたいとも
思うのです。

いつもメイさんと
一緒のチャイさんだけれど、
チャイさんより後に保護された
ハチワレの兄妹とは、
たまに面倒を見てあげる仲。
（メイさんのそばを取り合う、
ライバルでもあります）

人懐《なつ》っこい兄妹に絡まれて、
最初は迷惑そうだったのに、
なんだかんだ、
構ってあげるのも
チャイさんらしい。

カフェゾーンに出てから、
少しずつ行動範囲を広げている
チャイさんの、10月のお気に入りスポット。

こんなにかわいい
チャイさんに、
早くたくさんの人に
会ってほしい。

でも、やっぱりまだ人には
なれないみたいで、
近づくとシャーが
発動してしまいます。

秋も深まり、
チャイさんは猫草に夢中。

最初はごはんにも
おやつにも反応せずに、
シャー&パンチを
繰り出していた頃が、
うそのように、まっしぐらにおねだり。

自慢の美脚アピールも
忘れません。

2025年には、カフェにデビュー
できているといいね。

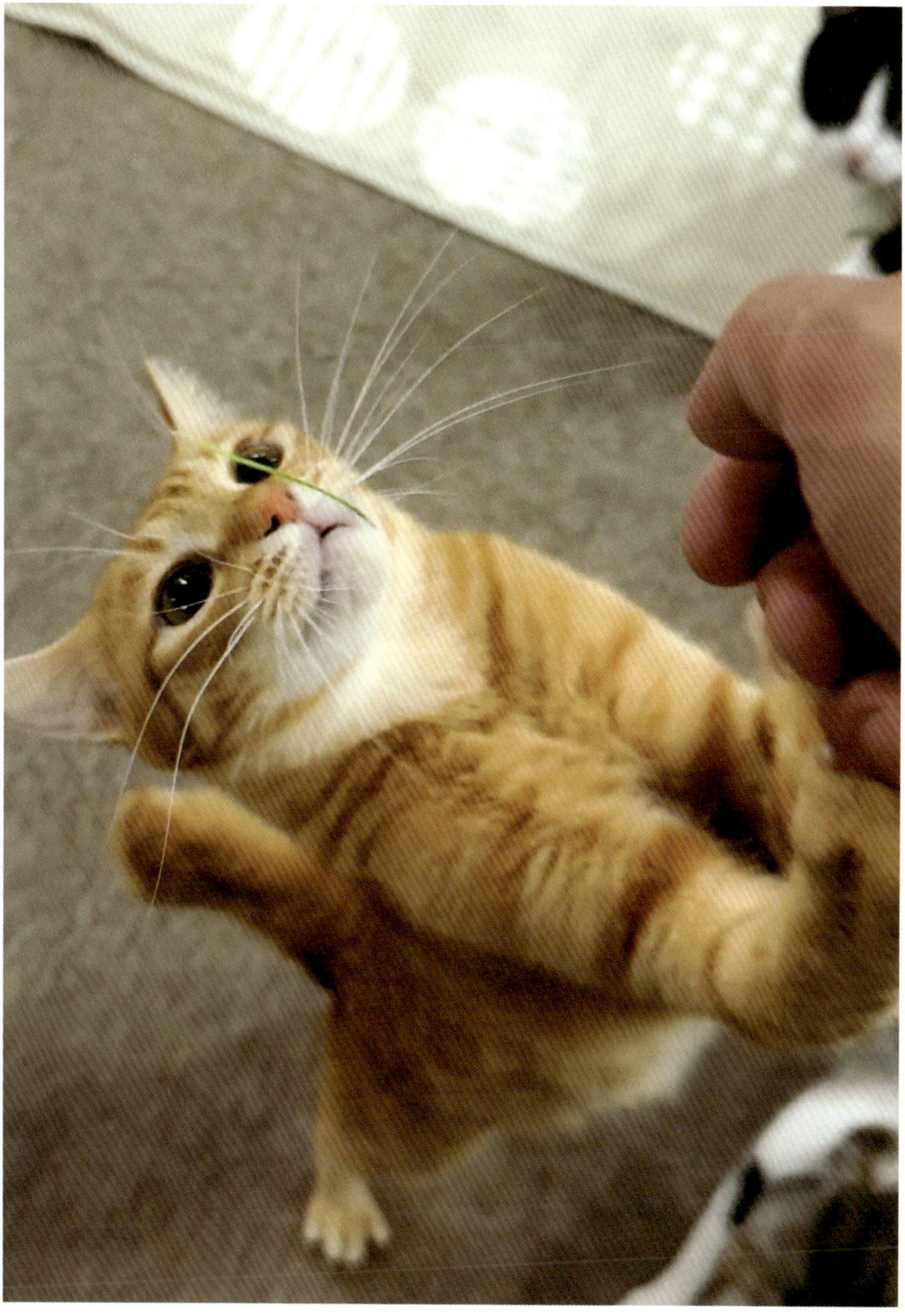

人にも猫にも、
まだ臆病になるけれど、
もう少しでみんなに
会えるかな？
一歩ずつ、
誰かに甘えても
いいということを、
おぼえていってね、
チャイさん。

チャイさんと仲間たち

チャイさんが暮らしているのは、
香川県高松駅のそばにある
保護猫カフェ「キャットローフ」。
ここでは、44匹の保護猫が暮らしています。
古参の猫から子どもの猫、
里親を待つ猫、傷ついた体を癒やす猫——
たくさんの仲間と過ごす、
チャイさんのある一日を切り取ってみました。

Protective cat cafe
保護猫カフェ
CATLOAF
キャットローフ
里親さん
募集中
です!!
cat loaf

チャイさんと仲間たち

Mei

チャイさんのお姉さんのメイさんは、みんなのアイドル。
チャイさんよりもしっかり者で、子猫の世話も焼いてくれます。
チャイさんはメイさんが大好きすぎて、
いつも一目散にメイさんを追いかけて、そばにくっついています。

Mishiro, Mikuro, Kuromi & Mero

2023年の春に保護した、みしろ、みくろ、くろみ
のハチワレ3兄妹は、チャイさんにも興味津々なやんちゃ坊主たち。

三毛猫のメロさんは人間が大好きで、気に入った人には
肩に乗ってくる甘えん坊の女の子です。

Meru & Tama

サビ猫のメルさんは、
保護したときにすでに妊娠していた聖さんのこども。
カフェ生まれ、カフェ育ちのおしとやかな女の子。

長毛のたまちゃんは、多頭飼育崩壊した家から放り出されたところを保護。
猫たちと遊ぶより、人間とのボール遊びがなにより大好きです。

Merarou & Sei

グレーのハチワレのメラルーは、クールなカフェの王子様。
とにかく女の子の猫たちにモテモテです。

キジ猫の聖さんは、なんと12匹のお母さん猫。
遊んでほしくて子どもたちに絡む、お茶目な一面もあります。

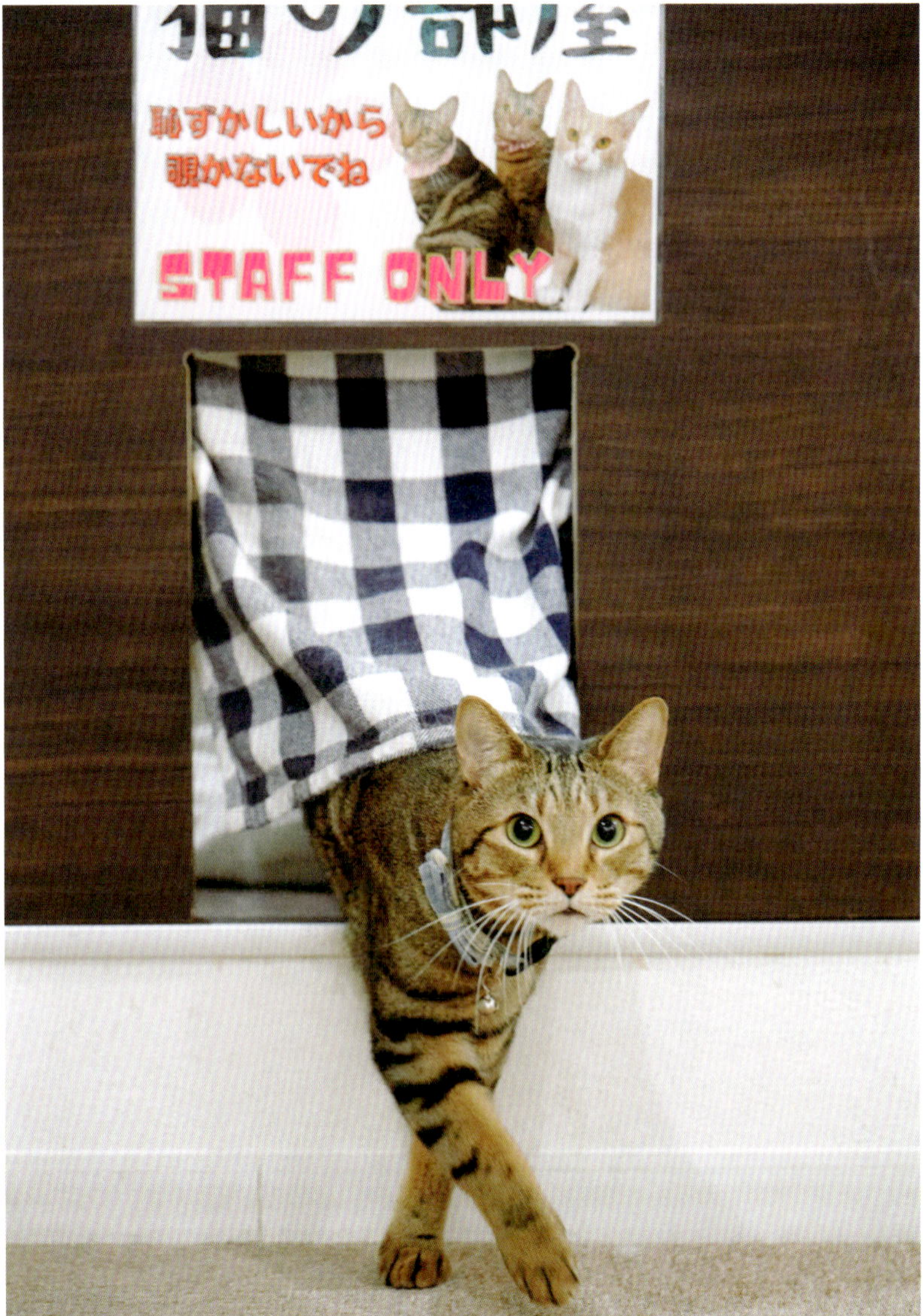
恥ずかしいから
覗かないでね
STAFF ONLY

Kotetzu & Maro

キジ猫のこてつは、メルさんの兄妹。
お母さんの聖さんのことが、大好きな甘えん坊です。

ちょびヒゲ白黒猫のまろは、三毛猫のメロさんと兄妹。
好奇心旺盛で、新参猫にはとりあえず突撃しにいきます。

Lily & Gin

白黒猫のリリーさんは、こたつが定位置。おしりポンポンが大好きで、
ポンポンしてもらえないと甘がみしてきます。

キジ猫の銀ちゃんは、保健所から引き取った古参猫で
頼れるリーダー的存在。面倒見がよく、
銀ちゃんファンの猫軍団がいるほどです。

太郎
リリ
そう
ゆめ
みくろ
メイ
ハル
にこ

カフェに出勤したチャイさんは、
今日もメイさんを求めて、
小さな体で探し回ります。

人にも猫にも
まだなれていないので、
みんなが集まっているところは
ちょっと苦手。

無事、
メイさんを見つけることが
できるのでしょうか？

カフェを歩き回って、ようやくメイさん発見。
体をすりつける喜びの舞を
ひとしきり踊った後、
日差しの中で、
おだやかな時間を過ごす、
姉妹の姿がありました。

店主・増田さんとチャイさんの出会い

保護猫カフェを開いて4年目の2023年5月。「死にそうな子猫がおる」とカフェに連絡がありました。「キャットローフ」のある香川県高松市は、全国的に見ても野良猫が多い地域なんです。

実際に見に行ってみると、7匹の野良猫がいました。チャイさんと3匹の子猫、メイさんと2匹の子猫。チャイさんとメイさんはやせ細って、毛並みもぼさぼさです。ですが、子猫のほうがもっと深刻でした。1匹はすでに亡くなっていて、1匹は猫風邪で目が開かない状態でした。

とにかく急がなければと子猫を順に保護して、メイさんも人になれていたので、すぐに保護できました。でも、チャイさんはまったく人になれていなくて、時間がかかりました。保護してからもなかなか心を開いてくれず、保護猫の中でも、かなり警戒心の強い猫だと思います。

catloaf とチャイさん

心がふさがっていたのは一緒

幸い、保護した子猫はすぐに里親が決まり、メイさんも人になれていたので、早々にカフェに出られるようになりました。でも、チャイさんだけはずっとケージのすみで固まったままの時期が長く続きました。

基本的に猫を保護した後は、検査や不妊・去勢手術をしてカフェにデビューし、里親が決まるのを待ちます。でも、病気を抱えていたり、人になれなかったりする猫は、カフェに出ずに私が一緒に暮らします。

私はカフェを開く前から飲食業をしていたのですが、人付き合いに疲れて、心がふさがりかけていたとき、上司に「猫が好きなら、猫カフェをやってみたら？」と言われ、この店を開いたんです。だから、なかなか心を開けずにいるチャイさんに、焦ることはありません。私が猫たちに癒されたように、ゆっくり向き合っていくだけでした。

シャーと牙をむかれ、パンチをされる日々が長く続きました。でも、その様子を動画でアップしたら、予想外の反響があったんです。

チャイさんは「ちょっと変わった猫」

ここまで多くの人がチャイさんを応援してくれることに、正直、最初はびっくりしました。

私にとってのチャイさんの印象は、ひと言で言うと「ちょっと変わった猫」です。とにかくお姉さんのメイさんへの愛が深くて、ほかの猫が近寄ってくるとパンチをしたり、かんだりします。そして、メイさんを追いかける以外は、ひたすら気配を消しています。普通、新参猫が来るとカフェの猫たちは警戒するのですが、チャイさんがあまりに気配を消しているので、みんな気にしなかったほどです。

もちろん、チャイさんはかわいいです。でも、同じようにみんなかわいいので、やっぱり私にとってのチャイさんは「かわいいけど、ちょっと変わった猫」になってしまいます（笑）。

カフェデビューはまだ先ですが、実際にチャイさんを見たら、想像以上に小さくて気配がないので、みなさん驚くかもしれません。

catloaf とチャイさん

多頭崩壊して、希少種が捨てられる

チャイさんの子猫を保護したとき、「なんで母親も一緒に保護しないの？」と言われたこともありました。ただ、保護できる猫の数はどうしても限界があります。2023年に保護したたまちゃんは、セルカークレックスというアメリカ原産の珍しい猫です。ペットショップでつがいで買った人が、子猫が生まれて手に負えなくなり、放り出したんです。古参猫の聖さんというお母さんは、6匹の子猫と一緒に保護したのですが、当時すでに妊娠していて、さらに6匹がカフェで生まれました。

里親が決まれば、新たに保護できる猫も増えます。でも、やっぱりサビやキジは埋もれてしまって、なかなか里親が決まらないことが多い。だから、見た目ではなく個性を知ってほしいと思ったのが、SNSに動画をアップし始めた理由のひとつです。

引き取られた猫の様子をよく里親さんが送ってくださるのですが、その幸せそうな姿を見るときが、なによりうれしい瞬間なんです。

猫のシェルターをつくりたい

カフェには44匹の保護猫がいますが、手が回らなくなるときもあります。でも、お客様が遊んでくれたり、古参の猫が子猫の世話をしてくれたりして、助けてもらっています。意外と古株のオス猫が世話焼きだったりするんです（笑）。

その一方で自由なチャイさんですが、保護してから半年経ち、初めて鳴いて甘えてくれたときの感動は、いまも鮮明に覚えています。表情も体つきも、保護したときとは比べ物になりません。

チャイさんのようになかなか人になれなかったり、病気を抱えていたりして、里親が決まらない猫はどうしてもいます。だから、そんな猫たちのためにシェルターをつくりたいというのが、私の目標です。

チャイさんも一歩ずつですが、がんばって仲間の輪に入り、人になれる練習をしています。チャイさんと一緒に、私も目標に近づけるように進んでいけたらと思います。

catloafとチャイさん

保護猫カフェ catloaf

香川県高松市にある保護猫だけの猫カフェです。現在、44匹が暮らしています。

里親さん募集中です。

YouTube @catloaf6972　Instagram @catcafe_loaf

保護猫チャイさんの日常

発行日　2025年2月14日　初版第1刷発行

著者　保護猫カフェ catloaf

発行者　秋尾弘史

発行所　株式会社 扶桑社
〒105-8070　東京都港区海岸1-2-20　汐留ビルディング
電話　03-5843-8842(編集)　03-5843-8143(メールセンター)
www.fusosha.co.jp

ブックデザイン　鳴田小夜子(KOGUMA OFFICE)

写真　星 亘(扶桑社)

校正　小出美由規

編集　宮下浩純(扶桑社)

印刷・製本　TOPPANクロレ株式会社

定価はカバーに表示してあります。

ISBN978-4-594-09974-9